中华母亲花

萱草

Chinese Mother Flower

THE DAYLILY

张志国　金　红　主编

U0215433

中国林业出版社
China Forestry Publishing House

编委会

主　编　张志国（上海应用技术大学）

　　　　金　红（深圳市中国科学院仙湖植物园）

副主编　贺　坤（上海应用技术大学）

　　　　邹维娜（上海应用技术大学）

　　　　杨红梅（深圳市中国科学院仙湖植物园）

　　　　孙巧玲（深圳市中国科学院仙湖植物园）

　　　　张世杰（上海应用技术大学）

图书在版编目（CIP）数据

中华母亲花 : 萱草 / 张志国 , 金红主编 . −− 北京 :
中国林业出版社 , 2021.12（2024.7重印）

ISBN 978−7−5219−1387−3

Ⅰ . ①中⋯ Ⅱ . ①张⋯ ②金⋯ Ⅲ . ①萱草−观赏园
艺−中国 Ⅳ . ① S682.1

中国版本图书馆 CIP 数据核字 (2021) 第 205845 号

责任编辑：张　华
出版发行　中国林业出版社
　　　　　（100009 北京西城区刘海胡同 7 号）
　　　　　http://www.forestry.gov.cn/lycb.html
电　　话：010−83143566
印　　刷：河北京平诚乾印刷有限公司
版　　次：2021 年 11 月第 1 版
印　　次：2024 年 7 月第 2 次
开　　本：889mm×1194mm　1/16
印　　张：10.5
字　　数：288 千字
定　　价：88.00 元

前言
PREFACE

　　萱草为阿福花科（Asphodelaceae）多年生草本宿根花卉。萱草古名谖草。"萱"古通作"蕿""蘐""谖""藼"，意为忘记，所以民间也称其为忘忧草、疗愁草。萱草属的拉丁学名*Hemerocallis*和英文名Daylily都表达了萱草单花是开一天的美丽花朵的含义。

　　中国是世界萱草属植物自然分布的中心。萱草属植物全世界约有15种，我国有11种，其他种分布在中国周边国家和地区，欧美国家无自然分布。16世纪萱草从中国和东北亚地区传到欧洲，17世纪再由欧洲和中国引入美洲。因萱草具有耐贫瘠、抗寒、耐热、耐旱和少有病虫害等优势，很快成为深受美洲人喜爱的花卉宠儿。经过持续200多年的新品种选育，迄今为止，国际登录的萱草品种已超过9万个，成为园林应用中广受欢迎的花卉之一，由此可见我国的萱草种质对世界萱草育种行业的发展贡献之大、影响之远。

萱草——文化载体

　　萱草在我国有着近3000年的栽培历史，随着时代的发展，萱草被赋予了特殊的文化特征和内涵。早在康乃馨成为西方文化母爱象征之前，中国古人就已经将萱草花视为母亲花。《诗经·卫风·伯兮》中"焉得藼草，言树之背"，是我国历史上关于萱草最早的文字记载，宋代朱熹解释为"谖草，令人忘忧；背，北堂也"，意思是谖草（萱草）可令人忘却忧思。萱草作为"忘忧草"，成为历史上众多文人墨客用于表达情怀的主题。"北堂幽暗，可以种萱"，古时游子远行时，常会在母亲居住的北堂种植萱草，希望减轻母亲对游子的思念，忘却烦忧。后来逐渐把北堂称为萱堂，并代指母亲。唐朝孟郊《游子》中写道："萱草生堂阶，游子行天涯。慈母倚堂门，不见萱草花。"元朝王冕《偶书》中有"今朝风日好，堂前萱草花。持杯为母寿，所喜无喧哗"。明代画家沈周以《怀萱图》《思萱图》表达对已故母亲的思念之情。清朝康熙帝南巡至江宁接见其乳母时，见满园萱草花盛开，即为行馆题写"萱瑞堂"表示感恩。萱草代表了中国母亲深沉的爱及子孙的孝亲、感恩之情，是中国自古以来历代人们心中的母亲花，是传承中国优秀传统文化的符号。

萱草——名花国粹

萱草花似百合叶如兰，是我国的传统名花，有着"中国传统十大吉祥植物"的美誉，自古便广受人们喜爱。西晋夏侯湛赞美萱草"体柔性刚，蕙洁兰芳""烛若丹霞""晔若芙蓉"；三国曹植描述萱草"既晔且贞""绿叶丹华"；南朝（梁）徐逸在《萱草花赋》中称赞萱草"华而不艳，雅而不质"，有"何众芳之能匹"的高洁清俊的品格。

现代的萱草品种与原生种相比，生物学特征发生了巨大变化。花的颜色由原来单一的橙黄色、黄色，发展到目前除了纯白、纯黑和纯蓝色外的所有色系；不同颜色的花心、花环、花边出现后，使花的色彩更加丰富；从花径上来看，从2cm的小花品种到12cm的大花品种，再到20cm以上的特大花品种已不再罕见。花型上，在常规的圆形基础上，进一步培育出蜘蛛型、异型等新的花型。甚至出现了再次开花、多次开花及持续开花的品种。染色体数量上，在二倍体基础上诱导出来的四倍体品种已成为萱草品种的主流。近十年来每年超过2500个品种在萱草国际登录机构登录，萱草已成为世界上登录品种最多的花卉之一。

萱草品种繁多，花色丰富，花型多样，观赏价值高，同时耐热、耐寒，喜湿润也耐旱，栽培简单，管理粗放，养护成本低，与玉簪、鸢尾一起被称为"世界三大宿根花卉"。

萱草——珍品佳肴

萱草在我国已有2000余年的食用历史，是我国的传统名贵蔬菜，被称为"席上珍品"。《群芳谱》记载："春食苗，夏食花，其雅牙花的跗皆可食"。我国可食用的萱草属植物主要有两个种，一个是萱草（*H. fulva*），广东、福建、台湾地区常称之为"金针"，另一个是黄花菜（*H. citrina*）。黄花菜的营养价值很高，除含有较丰富的蛋白质、维生素E和糖类，还含有多种维生素及微量元素。

萱草不仅花蕾可食用，其嫩苗也是一味佳肴。据《三元参赞延寿书》记载，元代人们食用萱草的嫩苗，因为萱草苗营养丰富，可以作为养生食蔬。"春食苗，夏食花"已是古人的共识。

古人不仅把萱草当做蔬菜，还发明了不同的食用与加工方法。"采嫩苗叶，焯熟，水浸淘净，油盐调食"是一种典型的嫩苗食法。《野菜笺》中还有一种萱草作拌料的制法："盐三分、糖霜一钱、麻油半盏，和起作拌菜料头。或加捣姜些许，又是一制。凡花菜采来洗净，滚汤焯，起，速入水漂一时，然后取起榨干，拌料供食，其色青翠不变如生，且又脆嫩不烂，更多风味"。这样的榨干法与今天晒干黄花菜的方法相似，方便保存。

现代萱草品种，特别是四倍体品种，比二倍体品种体型大，花大质厚，富含花青素，是很好的鲜食材料。四倍体黄花菜（大花长嘴子花同源四倍体）较其二倍体不仅花蕾产量大幅提高，而且蛋白质含量也有所提高。

萱草——祛病良药

萱草也是常用中草药之一，其根、茎、叶均可入药。萱草具有较高的药用价值，其药效主要集中在滋阴补血、清热利尿、活瘀消肿、小儿平喘等，在我国传统的药典中，如《本草纲目》《本草拾遗》《滇南本草》等，均有详细的记载。黄花菜性味甘凉，有消炎、清热、利湿、安神等功效，对大便带血、小便不通、失眠、乳汁不下等有疗效，可作为病后或产后的调补品。自魏晋起，萱草对妇女孕期的保健、治疗作用就为人所熟知。现代研究表明，萱草属植物具有镇静催眠、抗抑郁、抗氧化、抗肿瘤、保肝、抗菌杀虫等功效，与古代药学著作的记载相符。迄今已经从萱草根、花、叶中分离并鉴定出黄酮类、蒽醌类、生物碱、萜类、三萜及其苷类、咖啡酰奎宁酸衍生物、萘苷类、甾体及其苷类、苯乙醇苷类、木脂素类、卵磷脂等多种类型的化合物，具有多重活性功能。目前已开发有萱草忘忧胶囊、萱草色素、萱草饮品及化妆品等药用保健产品。

萱草——前景广阔

萱草作为国际公认的三大宿根花卉之一，其品种繁多、类型多样、花色丰富，观赏性强，管理粗放，可广泛用于道路绿化、公园绿地、庭院造景、水土保持、屋顶花园和家庭园艺等领域。在应用形式上，可做萱草主题公园或专类园，以及花境、花海的景观营造。从造景形式上可丛植、列植、群植、片植、盆栽及插花，可单独成景也可与其他植物混植或搭配应用。

萱草——产业兴旺

根据《2020年中国花卉行业现状调研及发展趋势预测报告》，我国花卉消费额以年均10%以上的速度在增长。拥有14亿人口的中国无疑是一个潜力巨大的消费市场。经济的发展，居民生活水平的提高，以及美丽中国、生态文明、乡村振兴等国家战略的实施，都将推动花卉产业的发展。作为中华母亲花的萱草，集文化、观赏、食用、药用价值于一身，具有很大的市场潜力和广阔的发展前景。

虽然我国对萱草育种研究起步晚，新品种培育和开发应用滞后，但中国作为萱草属植物野生种质资源中心，拥有丰富的萱草资源，依然可以从三个方面大力发展萱草产业：其一是花卉种质资源创新与应用，包括萱草种质资源收集、新品种选育、种苗生产及推广应用；其二是文化旅游产业，包括萱草文化公园、花海观光、文物展、摄影展、书画展、花艺展、文旅产品开发；其三是食品药品产业，包括萱草食品和药品的开发、生产与销售。

萱草作为中国传统名花，既代表了社会历史文化的积累与沉淀，又体现了华夏民族真挚的母子情感，是我国代表"母亲花""忘忧草""忠孝"于一体的文化符号。当前，在外来文化的影响下，我们已淡忘了很多传统文化中的美好，萱草——中华母亲花，需要我们重新拾起、挖掘，并将其传承发扬。在我们的共同努力下，在中华大地上，开出更多更美丽的萱草花。

本书由上海应用技术大学国家萱草种质资源库和深圳市中国科学院仙湖植物园的专业人员共同完成，编者根据多年萱草栽培及育种的实践经验，对萱草的历史、文化、起源、分类、育种、应用等内容进行详细阐述，是迄今为止我国介绍萱草属植物最为详尽的专著。憾于掌握文献不够全面以及编者学识水平有限，书中疏漏在所难免，敬请读者批评指正。

本书的出版承蒙深圳市城市管理和综合执法局科研项目资助和上海应用技术大学美丽中国与生态文明研究院（上海高校智库）支持，在此表示衷心感谢！

编者
2021年8月

CONTENTS

目录

第一部分
萱草属植物概述

Part I Introduction of *Hemerocallis*

第一章

萱草的文化历史

Chapter 1 Culture and History of *Hemerocallis*

一、古代萱草名称沿革

萱草是中国的传统花卉，花型优美，叶色翠绿，是人们观赏、食用、药用、审美、寄情的对象。中国是萱草的故乡，是全球萱草属植物的自然分布中心，其15个原生种中有11个分布于中国的大江南北。在我国，萱草属的不同种在植物学分类上虽有区别，但在文化上有同义性，都承载着中华深厚的社会历史文化积淀。在古代，萱草别名众多，有"母亲花""忘忧草""宜男草""金针菜""黄花菜"等多种称谓。

早在春秋时期，《诗经·卫风·伯兮》中的诗句"焉得谖草，言树之背。愿言思伯，使我心痗"，出现了萱草现存最早的名称"谖（xuān）草"。这里"谖"同"谖"，是"萱"的古写法，是"忘"的意思，在此诗中萱草象征着忘记忧愁，故萱草又名"忘忧草"。

魏晋时期，萱草又被称为"宜男草"，曹植有诗句"草号宜男，既晔且贞。其贞伊何？惟乾之嘉。其晔伊何？绿叶丹华"赞美萱草的光彩明艳。南北朝时期"萱草"的称谓开始流行，许多文学作品都开始直接使用"萱草"这一名称，南梁朝徐勉就在诗中写道"惟平章之萱草，欲忘忧而树之"。

至隋唐时期，各种诗词、典籍中已普遍使用"萱草"这一名称。在唐朝，萱草开始成为指代"母亲"的意象，在文学作品中大量出现。文人们借萱草表达对母亲的感恩与祝福，萱草因此又多了"母亲花"的别称。

明代以后，随着萱草的广泛种植与开发，一些种类成为经济作物。花蕾被采摘下来，经过蒸、晒，加工成干菜，被称为"金针菜"或"黄花菜"，是很受欢迎的食品，还有健胃、利尿、消肿等功效。

二、古代萱草的种植栽培

我国有近3000年的萱草栽培史，古人对萱草的立地条件、生物学特性及栽培方法，进行了全面观察和总结。宋代苏颂《本草图经》记载"萱草，处处田野有之"，可知萱草已经十分普遍。《陕西通志》亦记载："萱草，山中多有之"。萱草多生长在山坡地中，适应性极强，易于繁殖成活。

古代人们对萱草的种植规律、育种栽培等方面已经有了相当程度的认识。在物候规律上，明代的《本草纲目》对萱草生长时间和环境记载较为详细："萱宜下湿地，冬月丛生。叶如蒲、蒜辈而柔弱，新旧相代，四时青翠。五月抽茎开花，六出四垂，朝开暮蔫，至秋深乃尽"。可知萱草既喜湿也耐寒，初夏开花，花期可持续到深秋。在种植繁育方面，明代《农政全书》记载道：萱草"春间芽生移栽。栽宜稀，一年自稠密矣"。说明萱草宜稀疏栽种，一年后会长得很稠密。

三、萱草的价值

萱草食为佳肴，用为良药，观为名花，应用价值极高，在人们的生产、生活中发挥着重要的作用。

（一）萱草的食用价值

我国食用萱草历史悠久，且食用方法多种多样，许多做法流传至今，影响深远。在饥荒或食物相对匮乏的年代，萱草还曾发挥食用救饥的作用。

萱草花蕾干制后做成的黄花菜营养十分丰富，是家常料理中常见的食材，可用于炒菜、炖汤、凉拌。萱草不仅花蕾可食用，其嫩苗也是一味佳肴。宋代《山家清供》描绘了食用萱草苗的做法："春采苗。汤焯过，以酱油、滴醋作为菹，或燥以肉"。明代《野菜笺》上记载道：萱草"凡花菜采来洗净，滚汤焯，起，速入水漂一时，然后取起榨干，拌料供食，其色青翠不变如生，且又脆嫩不烂，更多风味。" 此榨干法与今天晒干黄花菜的方法相似，既可以去掉残留的有害物，又可保留色泽口感。可见萱草作为养生食蔬，"春食苗，夏食花"已是古人的共识。明朝末年自然灾害频发，饥荒严重，《野菜博录》中记载萱草为救饥食物，可通过简单加工来应对饥荒，缓解粮食不足问题。

（二）萱草的药用价值

萱草既是常见的蔬菜，又具有较高的药用价值，其茎、根、叶均可入药，其药效主要为滋阴补血、清热利尿、活淤消肿、小儿平喘等。在我国传统中药典籍中，对萱草的药用价值多有明确记载。《本草纲目》中说萱草"味甘而气凉，能去湿利水，除热通淋，止渴消烦，开胸宽隔，令人心平气和免于忧郁"；《本草图经》记载萱草可"安五脏利心志明目"；《分类草药性》记载萱草可"滋阴补神，通女子血气，消肿，治小儿咳嗽"。自魏晋起，萱草在病后或妇女产后的保健、调养作用就为人所熟知。萱草不仅在传统中医学中得到广泛应用，现代医学通过对萱草成分的化学分析也进一步证实了其药效，并有以萱草提取物为主要成分的药品、保健食品和化妆品面世。

（三）萱草的观赏价值

萱草是中国传统的观赏花卉，其花型繁多，色彩鲜艳，叶片舒展，无论花型、花色、叶型都优雅可观。萱草多用来丛植，在园林中种于阶前窗下、岩间石畔、幽径路旁，如宋朝朱熹的诗句"西窗萱草丛，昔是何人种"。萱草能够和多种植物搭配，形成庭院景观。唐朝杜甫有诗"侵陵雪色还萱草，漏泄春光有柳条"，描绘了一幅萱草与柳枝互相映衬的春景画面。宋代以来，萱草和石榴常共同种植在庭院里，不仅讲究景观搭配，更取其寓意吉祥，多子多福之意。如黄庭坚诗句"剪裁似借天女手，萱草石榴偏眼明"，又如陆游描写东窗景色的诗句"萱草石榴相续开，数枝晚笋破苍苔"。宋代诗人石孝友的《眼

儿媚·愁云淡淡雨潇潇》中"一丛萱草，数竿修竹"表现出了萱草和竹搭配的美景与情韵。

萱草不仅是良好的庭院植物，也常用作插花的花材。现代萱草插花艺术，依托于萱草的花材优势，不论是生活插花，还是专业插花，都能给人带来美的享受。萱草生活插花可以是中式的、西式的或自由式的，在颜色搭配上可以是单色也可以是不同花色的组合，还可以搭配其他辅助花材。萱草专业插花，可以搭配不同容器，如陶器、玻璃、花篮（图1.1）等，可以设计不同的造型，如L型、S型、三角形等，还可以应用于不同场景，如晚会、酒店迎宾、会场等。除此之外，萱草的观赏价值还体现在萱草专类园、室内展览、科普文化节等方面。

四、萱草的文化意蕴及审美特征

萱草作为我国传统名花，不仅因为其较高的食用价值被人们所熟知，其特别的文化意蕴和审美特征在历史的摇篮中不断孕育发展，逐渐形成优秀的思想精华，被传颂至今。

（一）萱草的文化意蕴

萱草在我国古代社会的历史发展中积淀了深厚的象征意蕴，形成了独特的萱草文化。萱草的文化意象主要有三：一为"母亲"，二为"忘忧"，三为"宜男"。

1. 萱草指代"母亲"

指代"母亲"和"母爱"表达孝亲感恩之情，是萱草影响最为深远的一个文化意象。这源于人们对"萱草"与"母亲"之间的联想。古人常将萱草种植在庭院的北堂前，而北堂又是家中主妇常居之所，故萱草的意象便与"母亲"的形象渐渐合而为一了。

萱草代母这一文化意象大约形成于隋唐时期。唐代孟郊的《游子》："萱草生堂阶，游子行天涯。慈亲倚堂前，不见萱草花。"唐人牟融在《送徐浩》中直接以"萱"代母："知君此去

图1.1 花篮插花

情偏切，堂上椿萱雪满头"。这首诗里"椿萱"指父母双亲，"椿"指父亲，"萱"代母亲。家中父母年事已高，游子远行时更放不下心。

至宋代，萱草代指母亲已成为一种广泛的用法，将母亲称为"萱亲"，其居所称为"萱堂"，诗词中经常出现"萱室""北堂萱"等称呼，皆与母亲、母爱相关联。宋代刘应时《萱花》借萱草缅怀亡母，其诗云："碧玉长簪出短篱，枝头腥血耐炎晖。北堂花在亲何在？几对薰风泪湿衣。"此诗以萱草犹在而亲人已逝，表达物是人非、孝养不及的痛苦。到了元代，以萱草代母在诗文中更成惯例，如王冕有诗"今朝风日好，堂前萱草花。持杯为母寿，所喜无喧哗"。明代以来，以萱草歌咏母亲的作品更多，这一意象在祝寿、哀悼等活动中空前活跃。唐寅在其画作《萱草图》题画诗中写道："北堂草树发新枝，堂上莱衣献寿卮。愿祝一花添一岁，年年长庆赏花时。"此诗是借萱草为母亲祝寿的同类题材的代

表。吴门黄献之在丧母期间以"思萱"自称，沈周为其作《思萱图》，并题诗："念母常看母种萱，只疑遗爱有归魂。当年人好花亦好，今日花存人不存"。萱草代母意象的发展使之成为一种内蕴丰富的文化符号，影响深远，延续至今。时至今日，萱草"中华母亲花"的身份依然为大众所熟知。

2. 萱草"忘忧"

"忘忧"意为忘记烦恼、减轻忧思，是萱草最传统的文化意蕴。"萱草忘忧"的意象与其生物特征有关：在外形上，萱草叶片优美舒展，花柄修长，花色或清丽脱俗，或明媚艳丽，使人观之消愁；在气味上，萱草花有淡淡馨香，闻之让人心宁神怡；在药效上，萱草有养颜平喘、健胃补脾、通乳利尿等药效，能够有效地缓解相关疾病带来的身心痛苦。

文学上的"萱草忘忧"意象萌芽于《诗经·卫风·伯兮》，诗中妇人思念外出征战的丈

015

夫，心中忧思无法消除，只能借萱草一解相思愁苦。此后，萱草便逐渐成为人们排解忧愁的一种精神寄托。西汉时期，苏武与李陵的书信往来中有诗云："亲人随风散，沥滴如流星。愿得萱草枝，以解饥渴情"，即以萱草寄托对家乡和亲人的思念。至东汉，"萱草忘忧"已成为一个意义指向明确的惯用意义。到魏晋时，萱草忘忧便开始经常见于诗赋中，用以抒发夫妇远隔的愁苦、友朋暌违的思念、羁旅他乡的乡思，如嵇康有著名诗句"合欢蠲忿，萱草忘忧"。南北朝时王融诗"思君如萱草，一见乃忘忧"直接以萱草表相思；唐代白居易的"杜康能散闷，萱草解忘忧"更是将"萱草忘忧"与"杜康消愁"相提并论。

3. 萱草"宜男"

"宜男"是萱草又一个文化意象，其意就是有助于生男孩，也象征夫妇恩爱，子嗣兴旺。晋周处《风土记》载："花曰宜男，妊妇佩之，必生男。"相传有孕的女子佩戴萱草，就会生下男孩，反映了古人生殖崇拜的意识以及对传宗接代、人丁兴旺的追求。

萱草与求子、宜男的联系，跟萱草的生物特征有关。李时珍在《本草纲目》中称萱草"结实三角，内有子大如梧子，黑而光泽"，又说它的根"最易繁衍"，由萱之有子且繁衍能力强联想到它有助于生男，就像石榴因为"千房同膜，千子如一"而被视为"多子多福"的吉祥物一样，反映出先民对于自然力量的崇拜。

萱草的"宜男"之意在古代文学史上也曾一度兴旺。魏晋时期，萱草作为"宜男花"的意象在诗文中已有体现，例如魏曹植的《宜男花颂》，西晋嵇含的《宜男花序》。南朝梁元帝《宜男草》中写道："可爱宜男草，垂采映倡家。何时如此叶，结实复含花"。萱草寄托了人们对家庭幸福的期待。唐宋以后，萱草意象系统中"宜男"之意虽始终存在，却渐渐不再盛行。

图1.2 南唐 梅行思《萱草鸡图》

（二）萱草的审美及应用

1. 以"萱草"为主题的诗、画源流

① 以萱草为主题的诗歌

萱草丰富的文化意象承载了文人的志趣与理想，千百年来在文学的花园中牢固地占据着一席之地。历代专咏萱草的诗歌超过300首，文辞歌赋中用到萱草意象更是普遍。

萱草自从在春秋时期进入文学视野后，便得到了连续不断的发展。尤其是在魏晋时期，文人咏萱草极为普遍，仅专题歌咏的文、赋就有4篇，即曹植《宜男花颂》、嵇含《宜男花序》、傅玄《忘忧草赋》、夏侯湛《忘忧草赋》。曹植等诸人都是当时著名的文学大家，他们对萱草的赞颂开启了萱草文学发展的篇章。这几篇赋不仅推动萱草意象在文学中的起步，还使萱草的文化内涵得到了丰富与扩展。

在唐宋文学中，对萱草的几个基本意象进

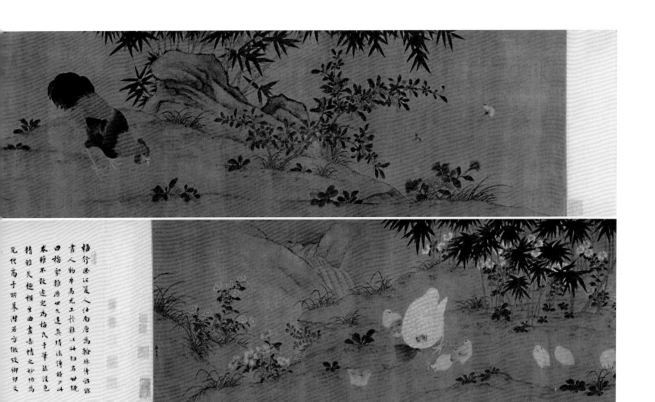

行了扬弃和发展。"忘忧"是萱草的主导意象，并且已高度成熟，趋于定型。萱草"宜男"意象发展到此时期已渐弱化。萱草"代母"的意象得到空前发展，这是唐宋时期对萱草意象的扩展与深化。代表性的萱草题材文学作品大多创作于此时，如唐代孟郊《游子》《百忧》等。萱草意象也在这一时期基本定型，此后虽有些许增添，但主要内涵没有变化。

明清时期萱草意象在唐宋发展成熟的基础上继续沿袭，但同时也走向了固化、衰弱。明代理学势力日益扩张，使得"忠孝节义"成了文学艺术的旨归，萱草作为"母亲"之喻，关乎孝道，备受关注，萱草因此多了"孝亲"的内涵，还是由"母亲"的意象引申而来。这一时期萱草意象仍然在文学视野中活跃着，然而多见于祝寿、挽诗等，如明代吴宽《题萱草图为从母张孺人六十之寿》所言"北堂慈母坐熏风，萱草当阶见一丛"，又如清代陆懿淑《因堂上病重偶成寄外》

所写"原知世少忘忧草，安得人传夺命丹"。此时萱草的象征意义已经走向了概念化、符号化。

②萱草有关的绘画作品

除了文学作品之外，萱草也常常出现在我国传统绘画中，并成为重要题材。在不同时期的不同画作中，萱草承载的象征意义亦有所区别。

萱草入画，始于唐末五代。据《宣和画谱》记载，晚唐画家刁光胤曾绘有《萱草百合图》。这大约是由史籍记载的最早的一幅萱草图。从画作的名称来看，应该与祝愿婚姻美满百合、子孙昌盛有关。南唐宫廷画家梅行思绘有《萱草鸡图》（图1.2），五代蜀地画家滕昌佑绘有《萱草兔图》，北宋赵昌绘有《萱草榴花图》。鸡、兔、石榴皆为多子的象征，可见最初萱草多以"宜男草"的意象出现在绘画中。

宋时，绘画中常有萱草花与猫、狗等动物同时呈现，用来表达动物对幼崽的关爱之情，进一步引申到母亲对孩子的关爱。南宋宫廷画师毛益

图1.3 南宋 毛益《萱草游狗图》

有一幅传世之作《萱草游狗图》（图1.3），作者以
细腻的笔法绘出奇石、萱草和几只正在玩闹的狗。
画中远景是掩藏在奇石后面的几株萱草，有的已经
完全开放，有的则含苞待放；前景是一组犬只，大
狗张嘴扬尾、姿态警觉，小狗嬉戏打闹、机敏可
爱。另一幅宋朝佚名的《萱花乳犬图》也以萱草与
大狗、小狗同时出现寓意母爱（图1.4）。

　　元代以后，以萱草代母的意象开始出现在绘
画中，刘善守的《萱蝶图》、王渊的《萱花白头
翁图》均表现出了萱草代母的文化意象。

　　明代以来，随着"忠孝节义"观念的兴

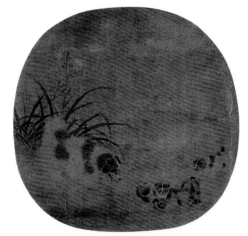

图1.4 宋 佚名《萱花乳犬图》

起，萱草与孝道、感恩联系到了一起。以"萱花图"作为贺礼为自己或他人的母亲祝寿成为流行，尤其是在江南地区。吴门画派的画家如沈周、文徵明、唐寅、陆治、陈淳等皆有数幅萱花图传世，有的单绘萱花一丛，有的会以萱花和其他吉祥元素作为基本组合并增减或替换，整个图式的安排大致相同。最普遍的一类画作是将萱花与松、石、灵芝等组合，比如陈淳的《松石萱花图》《萱花寿石图》，沈周的《萱石灵芝图》《椿萱图》等，陈洪绶的《竹石萱草图》等。陈淳所作的《萱花寿石图》立轴（图1.5），设色绢本，并题诗云："幽花倚石开，花好石亦秀。为沾雨露

深，颜色晚逾茂。愿母如花石，同好复同寿"。它描绘了萱草秀雅绽放、景石坚固矗立，表达了对母亲康健长寿的美好祝愿。沈周擅长山水，亦工花卉、鸟兽，与文徵明、唐寅和仇英并称"明四家"。沈周是个孝子，51岁时父亲去世，他便一直在家照顾母亲，并多次婉辞出仕。其母99岁去世后，他多次创作"思萱"题材的画以怀念母亲。这幅《椿萱图》以椿萱为主体，椿树高大挺拔，枝叶繁茂；树下奇石玲珑，萱草丛生；萱花清新明媚，婀娜多姿（图1.6）。古人以萱代母，以椿代父，此画椿萱并茂，显然是为父母双亲祝寿而作。

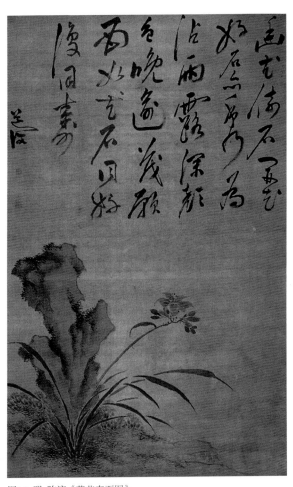

图1.5 明 陈淳《萱花寿石图》

图1.6 明 沈周《椿萱图》

到了清朝，以萱草为主题的绘画更为成熟（图1.7），尤以萱草祝寿这一题材的创作与明代一脉相承，少有创新。被称为"扬州八怪"之首的金农，其《萱草图》用生动的妙笔描绘出了一丛萱草，由题词"花开笑口北堂之上，百岁春秋一生欢喜"可看出这是一幅祝寿之作，同时还提到了"果然萱草可忘忧"（图1.8）。

近代以来，除了传统的忘忧意象与祝寿题材，以萱草为主角的绘画作品更多又回归到对花卉、生活和大自然的纯粹欣赏。现代画家王雪涛所画的《萱花蝴蝶图》（图1.9），萱草开着橘红色的花，吸引了蝴蝶以及蜜蜂来采花蜜，画面清新淡雅，动静结合，让人感受到一种大自然特有

的生命力与活力。张大千也创作过多幅以蝴蝶和萱草为主题的画作，比如《萱蝶图》寥寥几笔便将萱草与蝴蝶的生动姿态勾勒于纸上，令人赏心悦目（图1.10）。

萱草在扇面画中也是常见的题材，尤其是明、清代以后的折扇画。画家在小小扇面的特定空间范围中安排画面，精思巧构，笔随意转，创造出富有魅力的形象和意境。清代王素绘制的《萱花猫戏》扇面，以一丛自然之趣的萱草花占据一角，猫和蝴蝶居于画面中央，取"耄耋"谐音，有祝福长寿吉祥之意（图1.11）。吴昌硕所绘扇面《萱草忘忧》则是以一枝萱草花横亘画面，笔意潇洒，逸态横生（图1.12）。

图1.7 清 邹一桂《百花图卷》（局部）

图1.8 清 金农《萱草图》

图1.9 现代 王雪涛《萱花蝴蝶图》

图1.10 现代 张大千《萱蝶图》

图1.11 清 王素《萱花猫戏》扇面

图1.12 清 吴昌硕《萱草忘忧》扇面

③萱草与匾额

匾额，即在门户之额上题书，在宫室、殿堂、亭榭、书斋、门坊、私舍等均可悬挂。明清以后，萱草的文化意象与"慈母""孝亲"结合紧密，"萱"在祝寿匾、老妇人居室和厅堂的装饰匾中出现频率较高。清光绪年间李文田题写的《椿萱荣湴》匾额（图1.13），外框雕刻花纹，红底书"椿萱荣湴"四个金字。"椿"寓意"严父"，"萱"寓意"慈母"，"椿萱荣湴"表达了父母高堂福寿绵长、子孙后代读书进取的美好祝愿。民国时期，送祝寿匾之风盛行，"庆溢萱偕""萱荫桂兰""椿萱并茂"等都是常见的祝寿匾辞。

2. 萱草纹在器物中的装饰应用

萱草作为中国的传统花卉，也常因其有忘忧、求子、祝寿等含义，以纹饰的形式出现在古代家具、瓷器、饰品上。

①古代家具

中国古代家具的发展历史源远流长，从以青铜漆木为主，配以威严凶猛纹饰的夏商时期；到用材讲究、古朴雅致、以花木动物为喻的明代；再到以独特艺术风格、富丽繁缛的装饰为主的清代，各具特色。古代家具的风格转变和纹饰蜕变，体现了人们审美水平的变化和人们对美好生活的憧憬向往。明清时期常以具有"忘忧""宜男"寓意的萱草纹装饰日用家具，寄寓人们对忘忧怡情、家庭幸福的追求。

顶箱柜是组合式储物家具，它通常用于储藏衣物或书籍卷轴。清代的紫檀萱草纹顶箱柜成对，用料奢华、做工精细，以萱草纹作为主题纹样，连绵不绝的萱草纹缠枝盘绕、灵动自然、寓意吉祥（图1.14）。

清代竹雕锦地萱草纹挂屏（图1.15）大边及抹头选黄花梨料，内侧嵌紫檀，做成壶门样，屏心则以细竹条切合相斗成方块交织锦纹底子，然后刻竹为叶为花，组成一簇萱草纹，嵌贴于锦纹之上。

②古代瓷器

中国是瓷器的故乡，瓷器上装饰纹样寓意丰富，类型多样，萱草纹也是非常重要的组成部分。

五代时期就有萱草纹作为越窑的装饰纹样。越窑青釉刻萱草纹水丞（图1.16）外腹壁刻画双圈，内绘萱草纹，纹饰刻画流畅洒脱。其器型为缩口，圆形鼓腹，圈足，造型饱满圆润。内外满施青釉，釉色黄中闪青，青中闪灰，光泽含蓄柔和。

辽时期的奶白釉褐彩萱草纹鸡腿瓶（图1.17），肩部与腹部绘有褐彩萱草纹饰，纹饰构图简练，寥寥数笔，神采飞扬。其器型为口下出棱，短颈，溜肩，瘦长腹。鸡腿瓶又称鸡腿坛，辽、金时期陶瓷典型器，因瓶身细高如鸡腿而得名。

宋朝的瓷器纹饰崇尚素雅简约，萱草纹是宋定窑的经典纹饰之一。萱草纹在定窑器物上的构图比较固定，主要采取折枝构图。北宋定窑白釉划萱草纹香盒是萱草纹与宋定窑瓷器结合的代表之作（图1.18）。香盒是古时人们焚香所使用的容器，也可以作为艺术品摆放在文房中，是文人雅士表达友情的寄托之物。该香盒盖内凸圈小于器物口沿，盒身直壁斜收腹，可手持。盒底承制一个圆形圈来托器身，白釉施于内部。折枝萱草图案划刻于盖面双弦纹内，划刻犀利流畅。

明成化时期的青花萱草纹宫盌（图1.19），弧壁圆滑，口沿微撇，隽秀含蓄。虽然只是寥寥几笔，却勾勒出了萱草婉丽的特点，内外各有连枝，蕊上花丝半隐半现，又伴以长叶、弯茎、蜿蜒有致，萱草叶片于根部簇生，纤长如剑。一花独树一帜，单叶傲占枝茎上，又有一叶分岔，更添了几分意境和趣味。通体罩施釉料，柔润如玉。"宫盌"特指那些为供御所作的成化青花官窑瓷盌，通常是宫廷内才能使用的食器。此盌内外图案有所不同，内外呼应。壁内外各绘有4枝萱草，其中的2枝花丝外展，上缀花药，下承尖细长叶，柔然卷曲。

图1.13 清《椿萱荣泮》匾额

图1.14 清 紫檀萱草纹顶箱柜

图1.18 宋 定窑白釉划萱草纹香盒

图1.16 五代 越窑青釉刻萱草纹水丞

图1.17 辽 奶白釉褐彩萱草纹鸡腿瓶

图1.19 明 青花萱草纹宫盌

清 竹雕锦地萱草纹挂屏那图的区域

图1.15 清 竹雕锦地萱草纹挂屏

清代雍正时期的珐琅彩萱草莱菔尊（图1.20），小巧精致，口有描金，瓶身画面疏密得当，萱草花细腻优美，蜂蝶生动，下坠两块小景石，附有御题诗句"色湛仙人露，香传少女风"。这首诗来自唐代宰相李峤，诗人原用这首诗来形容满院萱草娉婷，宛若少女。题诗与瓶上萱草戏蝶图相得益彰。

民国时期的郭世五款萱花粉彩纹瓶（图1.21），以萱草和蝴蝶为主题，画面清新淡雅，萱草花枝和蝴蝶姿态自然。这一粉彩瓷器在线条、色彩、光线等方面，吸收了近代画的营养，实现"瓷"与"画"的完美结合。

③金属器皿

中国自商周以来，就开始用纹样装饰青铜器，最早的纹样有兽面纹、龙纹等。随着金属材料的发展，金银器物越来越多样，金属器皿的装饰纹样也跟着社会的发展而变化，萱草纹饰也在金银器的装饰中占据了一席之地。

唐代的折枝团花纹鎏金银渣斗（图1.22），是收放食物残渣的器皿。上部的宽口沿表面饰有三重纹饰：变形宝相莲瓣和萱草，组成了第一重；四株并蒂花组成了第二重，每瓣上又饰有一枝三角形折枝花及一株萱草，交织在一起的花茎，形成一簇大团花；边缘是第三重，装饰有一圈变相仰莲瓣。

图1.20 清 珐琅彩萱草莱菔尊

图1.21 民国 郭世五款萱花粉彩纹瓶

图1.22 唐 折枝团花纹鎏金银渣斗

图1.23 金 白玉萱草花佩

图1.24 宋 吉州窑白釉褐彩萱草纹枕

④玉器饰品

"君子无故,玉不去身",古人对玉的钟爱不是因为玉器本身的价值,而是源于玉所代表的高贵品节。玉器的造型和纹饰更是整个玉器的点睛之笔,寄寓了人们的美好祈愿。萱草纹以其吉祥的寓意,在历代玉器中常见。

金代的白玉萱草花佩(图1.23),长9.2cm,宽7.5cm。玉佩玉色晶莹剔透,刀工流畅轻巧,采用透雕、高浮雕等技法雕刻一株盛开的萱草花,构图对称唯美,花、叶雕刻皆十分细腻精

致,生动刻画出萱草的姿态。此白玉萱草花佩的寓意为多子多福。

⑤其他材质器物

萱草纹除了可以作为家具、瓷器、玉器的装饰纹样,也可用来装饰其他日常生活所用器物。宋朝的白釉褐彩萱草纹枕(图1.24),为吉州窑,形制呈长方形,海水纹饰绘于枕面,萱草纹绘于枕的四面,纹饰刻画细腻,简洁美观。这个绘有萱草的瓷枕被古人称作是"忘忧枕"和"宜男枕"。

玻璃器物上的装饰，也有采用萱草图案的。清代乾隆款玻璃胎画珐琅花卉纹瓶（图1.25），乳白色玻璃胎，通体画珐琅彩纹饰，腹部由纵向黄色条带均匀地分为三部分，分别饰萱草、芙蓉、罂粟花卉纹。其中一面，在玻璃胎上用珐琅彩细细描绘翠竹与萱草花，飘逸俊秀，配合颈部的团寿图案，表达祝寿之意。它的器型圆口，细颈，圆腹，矮圈足，具有典型的宫廷艺术风格。

古代衣物鞋袜等绣品上，常以萱草纹作为装饰。清代光绪年间的湖色缎绣萱草纹元宝底女夹鞋（图1.26）以墨绿色丝线绣出飘逸灵动的萱草叶片，中间穿插点缀着浅粉色的萱草花朵，清新生动，淡雅宜人。萱草花纹装饰女性服饰尤为得宜，象征着健康安宁，多子宜男。

清代宫廷的珍宝盆景是宫廷内年节庆典时不可或缺的陈设，其中也有以萱草为主要内容的作品。画珐琅委角长方盆玻璃萱草盆景（图1.27），盆中以一丛萱草为主景，绿叶繁茂灵动，约10枝橙红色花朵或盛放，或现蕾，或初绽，错落有致，意态生动。周围衬以染石山子和乳白色玻璃茶花、月季花等。画珐琅委角长方盆，盆外壁绘折枝花卉。盆中景致萱叶挺拔，萱花明秀，反映出清代雕刻业盛期的工艺水平。这些经手工艺人精雕细琢的珍宝盆景，即使四季轮替，依旧生机夺目，春意盎然。

图1.25 清 乾隆款玻璃胎画珐琅花卉纹瓶

图1.26 清 湖色缎绣萱草纹元宝底女夹鞋

图1.27 清 画珐琅委角长方盆玻璃萱草盆景

第二章

萱草属植物的分类、
资源及分布

Chapter 2 Classification, Germplasm Resources and Distribution of *Hemerocallis*

一、萱草属植物的分类

（一）萱草属植物分类概况

萱草属植物是多年生宿根花卉，我国萱草属植物野生种质资源在全世界最为丰富，因此很早就引起了古人的关注，其在我国的栽培历史已有近3000年。我国古代关于萱草属植物的分类均是从人类需要和实用角度出发。有关萱草类型的描述最早出现在我国西晋嵇含的《南方草木状》中：萱草花"有红、黄、紫三种"。明代王象晋创作的《群芳谱》将萱草按花期分为春花类、夏花类、秋花类、冬花类4种，按花的颜色又分为红、黄、紫、白等多种。宋代范成大《吴郡志》中记载有麝香萱。明代王世懋《学圃杂疏》记：有一种萱草，小而绝黄者，呼为金台。明代王圻在《三才图会》指出萱草有五六种，一为香萱，又名黄萱、金萱，甚佳；一为密萱，不时有花；一为秋萱，秋著花，冬季叶不凋萎；一为绿萱；花又有千叶与单叶之分。这些古籍中的记载表明，我国原生萱草种类不仅有多种颜色，也有单瓣、重瓣之分，还有常绿萱草，早花、晚花萱草和芳香型的萱草。

我国丰富、优质的萱草属植物资源很早就引起了其他国家、地区人们的关注。从中世纪或更早开始，我国原产的萱草属植物陆续被引入欧洲，然后又被引入美国。到19世纪，大部分原产中国的萱草属植物都被引种到了欧美国家。他们利用从中国引进的萱草资源，开展了萱草属分类学研究，以及大量的杂交育种工作。我国宝贵的萱草属资源为欧美植物学家开展萱草属植物研究奠定了坚实基础，也为世界现代萱草品种的选育提供了重要保障。

萱草属植物的现代分类始于其学名的建立，瑞典博物学家Linnaeus（林奈）在1753年出版的专著《植物种志》（*Species Plantarum*）中，建立了萱草属*Hemerocallis* L.，该词源于2个希腊语词汇"Hemera"（意为"一天"）和"Kallos"（意为"美丽"），合在一起意为"开一天的美丽花朵"。这与英国植物学家John Gerard于1597年首次给萱草命名的英文名Daylily意思是一致的，都反映了萱草单朵花只开放一天的特点。林奈最初在《植物种志》中记载的萱草属只有2个种，之后该属的分类被不同的植物学家持续补充、修订、完善。

20世纪中国西部河谷地带成了欧洲植物猎人的天堂，1904—1916年发现的新种有*H. forrestii*，*H. nana*和*H. plicata*。1906年通过湖北的意大利传教士从中国引进了*H. fulva* 'Cypriani'和*H. fulva* 'Hupehensis'。1928年，美国的B. Y. Morrison出版了一本有插图的小册子，名为《黄色萱草》（*The Yellow Daylilies*）。1930年L. H. Bailey发表了专题文章《萱草属植物研究》（*Article 6. Hemerocallis: the Day-Lilies*），并拟定了物种的索引，Stout在研究中采用了这一索引和部分名称。1925年日本植物学家Gen'ichi Koizumi描述了日本信浓（Shinano）高山地区的*H. esculenta*。1932年，Nakai修订出版了《日本萱草属》（*Hemerocallis Japonica*），描述了日本和韩国的13个萱草种。

长期以来，历史上不同的学者对萱草属内分类陆续发布了不同的分类方案。早期Bailey（1930）根据花序特征将萱草属植物分为2个组：Euhemera和Dihemera。随后，日本植物学家Nakai（1932）又基于花序、花被及花药颜色等特征提出了一个包含6个组的萱草属内分类系统：Aurantiacae，Fulvae，Capitatae，Anthelatae，Flavae和Citrinae。最早全面系统研究萱草分类的是美国植物学家Arlow Burdette Stout（1876—1957），1934年他在其著作《萱草》（*Daylilies*）中也将萱草属植物分为2个组：Euhemera和Dihemera。由于他在萱草育种、分类和鉴定方面做出了重要贡献，因而被称为"现代萱草育种之父"。其后，Matsuoka &

Hotta根据花朵颜色、香味、开花时间及其他特征于1966年发布了他们的分类系统，将Nakai的6个组归并划分为3个组：Hemerocallis，Capitatae及Fulvae。Hotta（2016）在《日本植物志》（*Flora of Japan*）中也采用了这一分类方案。著名植物学家胡秀英（Shiu-Ying Hu）整理了Stout的绘图、照片和彩色图版，在1968年出版的《萱草手册》（*Daylily Handbook*）中，详细描述了萱草属不同种的特征及分布，并做出分种检索表，将萱草属分为23个种7个变种。1969年，她又增加了2个独立的种。德国植物学家Walter Erhardt在Matsuoka & Hotta（1966）分类方案的基础上于1988年建立了一个更细致的分类系统，将20种萱草属植物分为5个组：*Fulva*，*Citrina*，*Middendorfii*，*Nana*和*Multiflora*。Juerg Plodeck基于萱草属可能的演化发展在2016年发布了一个新的分类系统，将23种萱草属植物分为5个组：*Lilioasphodelus*，*Citrina*，*Middendorffii*，*Multiflora*和*Fulva*。此外，他还建立了一个网站，记录了萱草属植物的物种分类历史（http://www.hemerocallis-species.com/）。Sho Murakami等（2020）基于MIG-seq分子手段对萱草属内分类进行了重新界定，并将日本及邻近地区萱草属植物分为3个组：*Hemerocallis*，*Capitatae*及*Fulvae*。

萱草属在大部分传统分类系统中（如哈钦松、克朗奎斯特分类系统等）隶属于百合科（Liliaceae），但有些研究者将其作为独立的科。1985年Rolf Dahlgren，Clifford和Yeo在专著《单子叶植物的科》（*The Families of the Monocotyledons: Structure, Evolution, and Taxonomy*）中认为应将萱草从百合科独立出来，成立萱草科（Hemerocallidaceae），置于天门冬目下。独立成为萱草科的原因是萱草的根系类型、种子形态和蜜腺的类型都与百合科完全不同。萱草的根系不同于百合科的球根，萱草都是宿根的；萱草科的种子为黑色球形，而百合科的种子为褐色扁平；萱草的蜜腺位于子房壁，百合

科的蜜腺在花被片基部。这一处理获得了比较广泛的认可，如塔赫他间分类系统中也认可独立的萱草科。近几十年，随着测序技术的飞速发展，基于DNA序列的分子系统学，对系统发育研究产生了十分深远的影响。分子系统学中强调的单系原则对科和属的界定起着至关重要的作用。在基于叶绿体或核基因片段进行的分子系统学研究中，萱草属植物及其姐妹群也被证明是一个单系类群。但其是否作为科级分类单元则更多基于命名法规、保持分类系统简洁、方便使用等方面的考虑。1998年APG分类法将其作为天门冬目下的一个单独的科，但出于简化天门冬目的目的，APG II分类系统（2003）中将萱草科及其姐妹类群阿福花科（Asphodelaceae）、黄脂木科（Xanthorrhoeaceae）3个科列为可合可分的备选科——黄脂木科。APG III（2009）将萱草科及其姐妹类群阿福花科、黄脂木科3个科合并为广义的黄脂木科。但Ronell R. Klopper等人基于阿福花科包含类群更多，且名称早于黄脂木科等原因，建议保留阿福花科，替换黄脂木科这一名称，APG IV采纳了这一提议，因此根据2016年APG IV分类系统，萱草属隶属于阿福花科萱草亚科（Subfam. Hemerocallidoideae）萱草族（Trib. Hemerocallideae）。

虽然萱草属这一类群在整个被子植物中的系统位置现在已非常清晰，但其属内种的分类情况却十分复杂。究其原因，主要是：①部分物种在原产地分布广泛，适应性强，存在种群内及种群间变异，植物性状呈现连续变化的特点，且种间杂交产生了许多天然杂交种，它们与栽培杂交种在外形上极为相似，难以找到稳定的具有分类学意义的性状，在形态学研究中很多方面都存在争议，不同的分类学者在其是作为独立的种，还是变种、亚种等问题上难以达成一致；②萱草属植物栽培历史悠久，可能很早就有人工栽培变种的存在，某些物种发表时依据的是人工栽培类型，且萱草的现代育种也在其现代分类工作开展之

前就已进行，这些都给原生种的分类造成了一定困难。因此迄今为止，萱草属内尚无完善的分类。

（二）科、属特征及分种检索表

1. 阿福花科的特征

单子叶植物，有41属910种，分布于全球热带和温带地区。我国有3属16种。多年生草本，通常具短的根状茎，或为多肉植物，稀为灌木状或大乔木状；叶基生或茎生，草质或肉质；总状、穗状、圆锥或聚伞花序，通常顶生；花被片6，排成2轮，离生或不同程度合生；雄蕊6，稀为3；子房上位，稀为半下位，3室，稀为1室，中轴胎座；果实为蒴果，稀为浆果、坚果或分果。

大部分供观赏用，有些可入药，有些供食用。

2. 萱草属的特征

多年生草本，具很短的根状茎。根常多少肉质，绳索状，中下部常球状、纺锤形或长圆形膨大，也有不膨大的。叶基生，多少二列，带状，无柄。花葶自叶丛中抽出，直立或上升，有时中空，光滑，顶端具总状或假二歧状的圆锥花序，较少花序缩短或仅具单花；苞片存在，花梗短或伸长；花大，直立或平展，漏斗状，花被片基部结合成明显的花被管，上部6裂，裂片明显长于花被管，内轮3片常比外轮3片宽大；花淡黄色、金黄色、橘黄色至橘红色，有时具∧形红褐色色带；雄蕊6，着生于花被管上；花丝不等长，长的3枚比短的通常长5～7mm，稍反折上弯，无毛；花药背着或近基着，线形，黄色或紫黑色；子房3室，每室具多数胚珠；花柱细长，柱头小。蒴果钝三棱状，长圆形或倒卵形，表面常具横皱纹，室背开裂。种子多数，黑色，近球形或有棱角。

*Flora of China*中记载，萱草属植物全世界约有15种，分布于东亚至俄罗斯西伯利亚地区，少数种类在欧洲、北美洲、新西兰及南亚成为归化植物。我国有11种，分别是黄花菜（*H. citrina*）、北黄花菜（*H. lilioasphodelus*）、小黄花菜（*H. minor*）、北萱草（*H. esculenta*）、萱草、大苞萱草（*H. middendorffii*）、多花萱草（*H. multiflora*）、西南萱草（*H. forrestii*）、折叶萱草（*H. plicata*）、小萱草（*H. dumortieri*）、矮萱草（*H. nana*），其中多花萱草、西南萱草、折叶萱草和矮萱草为我国的特有种。其分种检索表见表2.1。

表2.1 中国萱草属分种检索表（据Chen Xinqi & Junko Noguchi, 2000, 略改）

1. 花午后或傍晚开放，芳香，花被片淡黄色。
   2. 花序不分枝；根中下部无纺锤状膨大；花药长约5mm ……… （3）小黄花菜*H. minor* Mill.
   2. 花序分枝；根中下部有纺锤状膨大；花药长8～10mm。
      3. 花被管长1.5～3cm；花丝长5～5.5cm …………………… （2）北黄花菜*H. lilioasphodelus* L.
      3. 花被管长3～5cm；花丝长7～8cm ……………………… （1）黄花菜*H. citrina* Baroni
1. 花上午开放，微香或无香味，花被片全黄色、橘黄色至橘红色。
   4. 单朵花开放时间近24小时，具微香；苞片宽卵形、卵形或卵状披针形，宽0.8～3cm。
      5. 花序为明显的单聚伞花序；花凌晨开放；花葶上升；叶长40～45cm，宽1.5～2cm
         ……………………………………………… （9）小萱草*H. dumortieri* E.Morren
      5. 花序明显分叉或强烈缩短成近头状；花早晨开放；花葶直立；叶长35～80cm，
         宽（0.6～）1～1.8cm。
         6. 花序叉状，具一对总状的螺卷聚伞花序；苞片卵状披针形；根末端常膨大为纺锤形的
            块根，块根粗达10mm ………………………… （10）北萱草*H. esculenta* Koidz.
         6. 花序近头状，具很短的花序轴；苞片宽卵形，至少包住（或遮蔽）花被管全长的
            1/3～2/3；根绳索状，粗1.5～3mm
            ……………………………… （11）大苞萱草*H. middendorffii* Trautv. & C.A.Mey.
   4. 单朵花开放时间约12小时，无香味；苞片披针形至卵状披针形，有时鳞片状，
      宽（0.2～）0.3～0.7（～1）cm。
      7. 花单朵顶生，极罕2朵；植株高5～35cm ………… （8）矮萱草*H. nana* W.W.Sm. & Forrest
      7. 花序叉状或分枝，花通常3至多朵；植株高40～150cm。
         8. 花序叉状，具一对总状的螺卷聚伞花序；花橘黄色至橘红色，在内花被裂片下部
            有Λ形彩斑…………………………………………… （5）萱草*H. fulva*（L.）L.
         8. 花序常分枝；花橘黄色或金黄色，不具上述彩斑。
            9. 花具微香，花蕾顶端带紫黑色；花序多分枝，最多可达100朵花；花被管长
               2.5～3cm …………………………………… （4）多花萱草*H. multiflora* Stout
            9. 花无香味，花蕾顶端绿色或红褐色；花序最多可达20朵花；花被管长1～2.5cm。
               10. 叶宽10～20mm，不对折；花被管长约1cm；花药长6～8mm
                  ……………………………………………… （6）西南萱草*H. forrestii* Diels
               10. 叶宽6～8mm，常对折；花被管长1.5～2.5cm；花药长3～4mm
                  ……………………………………………… （7）折叶萱草*H. plicata* Stapf

二、萱草属植物的资源与分布

萱草属主要分布在东亚至俄罗斯西伯利亚地区。其分布区北起俄罗斯北纬50°~60°，南至缅甸、印度、孟加拉国，西缘为俄罗斯境内乌拉尔山脉以东的西伯利亚平原，东至千岛群岛。

根据*Flora of China*记载，萱草属植物全世界约有15种，其中日本有7种、朝鲜半岛有6种、俄罗斯有6种。我国是世界萱草属植物自然分布中心，有11个种，其主要特征和分布范围见表2.2和图2.1至图2.8。在这些种类中，萱草（*H. fulva*）分布范围最广，除西北、东北、内蒙古及华北北部外，其他各地区都有野生分布。北黄花菜主要分布于东北、华北、西北、华东地区，小黄花菜主要分布于华北、东北，黄花菜主产秦岭以南地区，小萱草、北萱草、大苞萱草主要分布于东北，西南萱草、折叶萱草、矮萱草分布于西南地区，多花萱草仅分布于河南。

表2.2 中国萱草属植物主要特征及分布

中文名	拉丁名	主要特征	分布范围
黄花菜	*H. citrina*	根肥厚，末端肥大，苞片披针形，花淡黄色，花被管3~5cm	河北、内蒙古、山西、山东和秦岭以南各地区（不包括云南）。生于海拔2000m以下的山坡、山谷、荒地或林缘
北黄花菜	*H. lilioasphodelus*	根肉质，中下部有纺锤状膨大，苞片披针形，花淡黄色，花被管1.5~2.5cm	东北、华北、山东、陕西、甘肃。生于海拔100~2000m的草甸、湿草地、荒山坡或灌丛下
小黄花菜	*H. minor*	根细绳索状，花淡黄色，通常1~2朵，花被管1~2.5cm	东北、华北、陕西、甘肃。生于海拔200~2600m的草甸、山谷湿地、荒坡或灌丛下
小萱草	*H. dumortieri*	根多少肉质，苞片卵状披针形，花蕾上部带红褐色，花莛明显短于叶，花橘黄色，花被管不超过1cm	吉林。主要产日本、朝鲜和俄罗斯
北萱草	*H. esculenta*	根中下部有纺锤状膨大，苞片卵状披针形，先端长尾尖，花橘黄色，花被管1~2.5cm	河北、辽宁、湖北、山东、河南、山西、陕西、甘肃、宁夏。生于海拔500~2500m的山坡、山谷、草地或林缘
大苞萱草	*H. middendorffii*	根绳索状，苞片宽阔，花数朵近簇生，花金黄色或橘黄色，花被管1~1.7cm	东北。生于海拔2000m以下的林下、湿地、草甸或草地上
矮萱草	*H. nana*	根中下部有纺锤状膨大，花单朵顶生，稀于2花，花金黄色或橘黄色	云南西北部（中甸、丽江）。生于海拔2100~3400m的林缘、湿地、山地或松林内
萱草	*H. fulva*	根中下部有纺锤状膨大，花橘红色或橘黄色，内花被片下部有Λ形彩斑	秦岭以南各地野生，全国栽培。生于海拔300~2500m的森林、草地、溪边或灌丛下
多花萱草	*H. multiflora*	地下根状茎纺锤状，花蕾上部带紫黑色，花金黄色，花被管2.5~3cm，单花莛花量可达100朵	河南鸡公山。生于海拔700~1000m的山地森林
西南萱草	*H. forrestii*	根中下部有球形膨大，花橘色或金黄色，花被管约1cm	云南西北部（丽江、鹤庆、维西）和四川西南部（木里）。生于海拔2300~3200m的森林、草坡
折叶萱草	*H. plicata*	根中下部具长圆形膨大，花橘黄色，花被管1.5~2.5cm	云南、四川。生于海拔1500~3200m的草地、山坡或松林下

图2.1 *Hemerocallis fulva* 萱草

图2.2 *Hemerocallis fulva* var. *kwanso* 重瓣萱草

图2.3 *Hemerocallis citrina* 黄花菜

图2.4 *Hemerocallis minor* 小黄花菜

图2.5 *Hemerocallis lilioasphodelus* 北黄花菜

图2.6 *Hemerocallis middendorffii* 大苞萱草

图2.7 *Hemerocallis esculenta* 北萱草

图2.8 *H. fulva* var. *sempervirens*

中国以外的国家和地区，萱草属植物的自然分布为：北黄花菜在蒙古、俄罗斯远东地区、东西伯利亚有分布，在欧洲的意大利、斯洛文尼亚成为归化植物；黄花菜在日本的本州、九州、四国及朝鲜半岛有分布；小黄花菜在蒙古、朝鲜半岛、俄罗斯黑河及西伯利亚有分布；小萱草在日本北海道、本州，俄罗斯远东地区及西伯利亚也有分布；北萱草在日本北海道、本州，俄罗斯千岛群岛和库页岛有分布；萱草在亚洲温带和亚热带地区成为归化植物；大苞萱草在日本北海道、朝鲜半岛及俄罗斯远东地区有分布。

除中国的11个种外，俄罗斯远东地区自然分布有 *H. darrowiana*；朝鲜半岛自然分布有 *H. hakuunensis*、*H. hongdoensis*、*H. taeanensis*；日本自然分布有 *H. yezoensis*，萱草的5个变种：*H. fulva* var. *aurantiaca*、*H. fulva* var. *angustifolia*、*H. fulva* var. *pauciflora*、*H. fulva* var. *littorea*、*H. fulva* var. *sempervirens*，黄花菜变种 *H. citrina* var. *vespertina* 及小萱草变种 *H. dumortieri* var. *exaltata*。印度也有萱草变种长管萱草（ *H. fulva* var. *angustifolia* ）。

第二部分
萱草育种与品种分类

Part II Breeding and Cultivar Classification of *Hemerocallis*

第三章

萱草的育种历史及发展

Chapter 3 Breeding History and Development of *Hemerocallis*

一、欧美国家对萱草属植物的引种

植物资源收集及栽培是育种工作必不可少的重要前提和必要基础。中国萱草属植物资源丰富，中国古人对萱草属的利用主要集中在萱草属植物资源的栽培观赏和种植食用方面。从中世纪或更早开始，我国原产的萱草属植物陆续被引入欧洲。中国的萱草何时传入欧洲没有明确的记载，在1554—1576年的*Herbs*杂志中明确记载了欧洲花园中已经有了"黄花萱草"（北黄花菜）和"黄褐萱草"（萱草）两种萱草。欧洲已知的第一张萱草插图出现在荷兰出版的*Rembert Dodoens Crujidebo*（1554）中。在英国，北黄花菜*H. lilioasphodelus*（syn. *H. flava*）的历史可以追溯到1570年。

Franees L. Gatlin在*The New Daylily Handbook*（2002）中提出萱草引入欧洲的途径可能有两条，一是"黄花萱草"（北黄花菜）是亚洲人通过陆域带到匈牙利，"黄褐萱草"（萱草）是通过水域从亚洲到达里斯本或威尼斯。

19世纪欧洲从中国引进的第一个萱草品种是重瓣的*H. fulva* 'Flore Pleno'，第二个是黄花菜，黄花菜对后来的夜间开花、芳香类萱草品种的选育起到了重要的作用。另外，大苞萱草也是这一时期引到欧洲的，这个种在我国东北地区和俄罗斯的西伯利亚均有分布，至于从哪里引入欧洲则缺少准确记载。在现代萱草育种中，这个种对矮生、耐寒、早花、橙色、宽花瓣品种选育起到了重要作用。同样，晚花萱草（*H. thunbergii*）和常绿萱草（*H. fulva* var. *aurantiaca*）这两个种具体引进途径也没有明确记载，可能来自于中国南部地区或日本。美国的Arlow B. Stout在他的大规模杂交育种中都使用了这两个种，从现代萱草新品种育种角度来说这两个种起到了重要的作用。

萱草具体何时从欧洲引到美洲新大陆没有公开的记载。大约17世纪30年代，萱草从欧洲引到美国东海岸。被带到美国的两种萱草，一种是橙色的*H. fulva*，当时已被称为"路边"或"庭院"百合，另一种*H. lilioasphodelus*（syn. *H. flava*）成为20世纪早期花园中的"柠檬百合"。当美洲大陆殖民地居民向西迁移时，萱草随之到达西海岸，当时*H. fulva*已是当地常见的"家花"。美国最早的有关萱草的园艺资料是19世纪初的《美国园丁日历》（*The American gardener's Calendar* 1805），该日历附录中记录了"橙萱草"（*H. fulva*）和"黄萱草"（*H. lilioasphodelus*）。有关资料也记载，*H. fulva*后来从花园中逸出，在潮湿草原上成为归化植物，而*H. lilioasphodelus*也常被看作"普通园艺种"。到19世纪后半叶，*H. fulva*已在北美的花园中广泛种植。变异种*H. fulva* 'Kwanso'，具有多组黄褐色的花瓣和萼片，也成为广泛分布种。

美国早期萱草发展史上的一位关键人物是Albert N. Steward。Steward利用他在南京大学任教（1920—1940）的便利，在我国中部地区收集了大量萱草植物和种子，分50多批次寄给当时在纽约植物园的Stout博士。这些植物材料对Stout的萱草研究及新品种培育起到了重要的作用，并杂交出很多品种。Steward在中国发现了可以结籽的二倍体*H. fulva*，发现了*H. fulva*的粉红色变种*H. fulva* var. *rosea*，这个变异种成为红色萱草品种的前身。还发现了多分枝萱草种*H. multiflora*及*H. citrina*（syn. *H. altissima*）2个新种。Steward发现的新种均由Stout命名，这些种为萱草育种增添了丰富的遗传基因，为后来新的杂交组合和新类型品种的选育做出了贡献。

二、萱草属植物早期育种历史

真正意义上的萱草育种是19世纪末开始的。世界上第一个萱草品种是1893年英国人George Yeld用北萱草与大苞萱草杂交获得的，

图3.1 世界上第一个萱草品种*H.* 'Apricot'（Yeld 1893）（摄影Gil Stelter）

图3.2 *H.* 'Mikado'（Stout 1929 ）（图片来自daylily aunction）

并命名为*H.* 'Apricot'（图3.1）。他的第二个杂交种*H.* 'Francis' 是由*H. minor*与*H. dumortieri*杂交而来，并在皇家园艺学会的花展上获得花卉品种优异奖。在接下来的几年里，欧洲、美洲的更多育种者继续以种间杂交方式进行萱草育种，1903年*Garden*杂志记载了英国的George B. Mallett培育的新杂交种*H.* 'Luteola'。同年，意大利的Charles Sprenger和 Willy Miller成功培育出7个萱草杂交种。

萱草杂交育种始于欧洲，20世纪20年代萱草引入美国后，美国逐渐引领萱草育种领域，其中的关键人物是Arlow B. Stout。Stout利用他从中国收集的丰富萱草属植物资源，培育了许多早期的杂交品种，这些品种已成为其他杂交品种的种源材料。早在1920年，Stout在*H. fulva*变种中发现开棕橙色花的*H. fulva* 'Europa'，不同于其他黄色和橙色的二倍体品种，其花的被片基部黄色，为不育三倍体。Stout发现和登录的其他*H. fulva*变种还有花葶强壮直立、重瓣花的*H. fulva* 'Flore Pleno'（1917），其花瓣具有类似深红色眼睛的图案；另外还有类似花叶变异种*H. fulva* 'Kwanso' 的*H.* 'Variegated Kwanso'（1947），其叶窄且具白边。1929年，他登录了第一个品种，*H.* 'Mikado'（图3.2）。1934年，推出了代表他最

重要成就之一的*H.* 'Theron'，它是红色萱草的前身（图3.3）。在20世纪30年代，美国掀起了一股萱草育种热，大量的科学家和业余爱好者参与了萱草杂交育种工作，萱草新品种数量随之猛增。

萱草育种的早期历史结束于20世纪30年代，Stout为该属的研究开辟了一个新的时代。在1934年Stout撰写的*Daylilies*一书中，列出并

图3.3 *H.* 'Theron'（Stout 1934 ）（摄影Gil Stelter）

评价了13个萱草种，还包括*H. fulva*的7个变种。他还启动了用这些种进行育种的详细计划，指出了对现代萱草育种起重要作用的萱草种包括亮黄色的*H. minor*，清新橙色的*H. aurantiaca*和小型浅橙色的*H. dumortieri*；喇叭形亮橙色的*H. hakuunensis*；一种小的橘黄色、具有再次开花特性的*H. middendorffii*；晚花、夜间开花、黄色的*H. thunbergii*；还有香味浓郁、夜间开花的*H. citrina*。

Stout对早期萱草育种做出了重要贡献，他建立了对萱草属生物学特性的科学认知，特别是在萱草开花特性、花序结构、不亲和性的种类和不育性的原因等方面进行了系统研究，全面系统地记录了萱草杂交谱系，证明了人类可以通过改变萱草属植物遗传基因培育具有红色色质和不同饱和度颜色的未知新组合。美国萱草协会为了表彰Stout对萱草研究与育种的贡献，专门用他的名字设立了萱草学会最高奖即萱草新品种最高奖——"斯托特银质奖章（Stout Silver Medal）"。

三、现代萱草育种

20世纪40年代和50年代，萱草杂交育种的主要目的是让花色更丰富、亮丽。可以通过历年来美国萱草协会斯托特银质奖章的获奖品种名单看到这一历史变化和进展。这一时期亮丽的粉、紫、红色品种和宽瓣品种选育取得了实质性的进展。

1950—1975年，萱草的外观发生了戏剧性的变化，这主要是因为越来越多的育种家对花的形态感兴趣。随着花朵越来越漂亮，越来越多的人参与到萱草育种队伍中来，新杂交品种的登录数量快速增加。斯拉·克劳斯（Ezra Kraus）是芝加哥地区育种团队带头人，在他的带领下，通过广泛收集萱草种质，精心设计，有计划地开展了红色、粉红色和甜瓜色类的宽瓣、皱边萱草育种，为该类萱草的育种者提供了丰富的种质资源，也使他成为对萱草发展做出重大贡献的学者之一。这一时期（1950—1975）W. B. MacMillan培育出了大量的圆型、带皱边的品种。

正当育种家们努力培育新的二倍体品种的时候，一场育种革命正在悄然地改变着萱草世界。20世纪40年代，人们首次尝试用秋水仙素处理萱草，将其从二倍体转化为四倍体，但这种尝试当时难以证实其优越性，在萱草界几乎没有引起注意。直到1961年，在美国萱草协会年会期间Orville Fay等人把开花的四倍体品种苗带到展会上，才引起了轰动。R. W. Munson Jr.力排众议，经过艰辛努力，开创了四倍体萱草育种的先河。虽然初期杂交出的四倍体品种表现平平，并受到了二倍体育种者排斥，但随着四倍体品种变得越来越漂亮，优势越来越凸显，越来越多的杂交品种被四倍体品种所取代，直到今天，四倍体育种仍然是萱草育种的主流。在接下来的时间里，四倍体新品种选育不断取得进展，特别是颜色亮丽、花瓣宽大肥厚、饰边凸显的圆形四倍体新品种持续出现突破，花眼颜色、宽度、图案也持续发生着变化。

20世纪末至21世纪初，全世界专业和业余杂交育种人员已有近千人的规模，把圆形、宽瓣、皱边、肥厚萱草花育种带到了一个全新的高度。

在大多数人看来，现代萱草的美丽程度已经远远超过了原生种。最初的颜色只有黄色、橙色和深浅不一的棕红色，但今天杂交种颜色从近白色到深紫色，从可爱的粉彩到绝妙的混合色，从亮黄色到鲜红色、蓝色，都取得了很大进步，尤其是在萱草的花眼区，有了更多萱草花眼、条纹、饰边、水印或图案也使萱草品种更加丰富，观赏性更强。

改善花的质感、耐光性，增加花瓣宽度、多褶皱已成为可以实现的目标。针对微型、小花、大花和特大花等不同花型和花葶高度与花朵大小的关系得到了改善，花葶的分枝效果更好，从圆型、蜘蛛型到异型的花朵，再到花眼区图案和色彩上的奇妙变化也得到了完善。重瓣更加饱满和优雅，多瓣、雕刻和其他独特的花型相继出现。此外，除了通过培育多次开花或再次开花品种来延长花期，杂交育种者也越来越重视萱草抗性性状的育种。随着科技的进步，转基因与基因编辑技术是否会给萱草育种带来新的一场革命性飞跃还有待观察。但从萱草育种的历史来看，每个时期都有新的萱草类型出现，每个类型出现都有其过程。

在60多年的时间里，美国萱草协会已经成为萱草历史的一个组成部分。1946年，在爱荷华州圣南多（Shenandoah，Lowa）召开会议，成立了"中西部萱草学会"，两年后该学会成为众所周知的萱草学会（The Hemerocallis Society），1954年更名为美国萱草协会（American Hemerocallis Society，AHS），1955年国际园艺学会任命AHS为萱草属植物的国际登录机构。为了推广方便，2018年AHS改为ADS（American Daylily Society）。

萱草育种始于19世纪末，经过育种者100多年的努力，目前在美国萱草协会网站上登录的品种已超过94000个。近年来，萱草育种在花径、

花色、花型、花眼、花缘饰边等方面取得了很大进步，显著提升了萱草的品质，使萱草的花色、花型更精致、高雅，具有更佳的观赏性。萱草育种正处于蓬勃的发展阶段，当前育种关注的热点和发展趋势如下：

　图3.4 宽瓣花型大花径品种

图3.5 异型、蜘蛛型大花径萱草品种

（一）大花育种

长期以来，大花品种一直是萱草育种的主要方向。为了鼓励育种人员培育更多、更优秀的大花品种，美国萱草协会于2005年设立了特大花品种奖，规定花径大于17.5cm作为入选标准。通过育种者几十年的努力，萱草花径大小发生了很大变化。2009年J. Bomar选育的二倍体萱草品种H. 'My Cup Overflows'，2010年Trimmer通过二倍体品种和四倍体品种杂交，培育出的新品种H. 'Florence Denny'，花径均达到22cm（图3.4）。

以上特大花萱草品种多是宽瓣类型萱草品种，实际上，对于花瓣细长的蜘蛛型或异型萱草的特大花径的品种育种进展更为迅速。在1995年，Kreger登录了H. 'Watchyl Cyber Spider'，花径达36cm，翌年Trimmer登录H. 'Long Tall Sally'，花径也是36cm。2005年，Temple登录的品种H. 'Aldersgate'花径达40.6cm，著名育种

家Stamile曾在2009年登录了花径近36cm的品种H. 'Crazy Arms'，2012年Forrester登录了他的蜘蛛型萱草品种H. 'Goliath on Steroids'，花径达到了42cm，到目前为止这可能是登录萱草品种中花径最大的。著名育种家Gossard在2013年、2017年分别登录了花径36cm的H. 'Heavenly Way Big'、H. 'Humungousaur' 和花径38cm的 H. 'Catwalker'（图3.5）。

（二）小花、低矮型萱草育种

为了鼓励育种者培育优秀的小花品种，美国萱草协会于1964年设立了优秀小花品种奖。近十年来，每年登录的花径小于7.5cm的小花品种维持在40余个。其中二倍体小花品种占据多数，四倍体小花品种占总登录数量的比例不足10%。在2010—2020年间，Tim Herrington一人拿到了5次小花品种奖。在近十年中登录的460多个小花品种中，矮生（花葶高度低于50cm）迷你型品种数量很少。像花葶低矮、小花地被型萱草如

H. 'Stella de Oro'、H. 'Black eyed Stella' 等品种明显不足（图3.6）。对于我国园林地被用量大、家庭盆栽需求大的国情来说，这类品种的新品种培育值得关注。

（三）花色育种

原生种萱草花色多为橘黄色、黄色两种颜色，萱草最初的品种主要是从野生种质资源优良植株杂交选育而来，花朵更接近于野生种质资源的性状，花色不够丰富，多为黄、橙、橘红色。自美国的Stout培育出世界上第一个红色萱草品种H. 'Theron' 以来，经过短短100多年，数以万计的萱草品种在花色和颜色图案上已经发生了奇迹般的变化，到目前为止，除了纯白和纯蓝色之外，其他各种色调应有尽有。纯蓝色、纯白色萱草新品种一直是育种者的梦想。

蓝色萱草育种目前已经取得了很大进展。虽然纯蓝色的品种尚未育出，但许多品种已经出现了蓝的色调。特别是花眼带有蓝色调的四倍体萱草品种H. 'Crystal Blue Persuasion'、H. 'Lavender Blue Baby'、H. 'Blue Oasis'、H. 'Out of

图3.6 矮生与小花萱草

the Blue' 的问世，给育种者带来了曙光。Stamile登录的品种H. 'Persistent Butterfly'、H. 'Azure Butterfly'、H. 'Dragonfly Blues'、H. 'Blues Larkspur' 和Petit的H. 'Blast of Blue'、H. 'Blue Note'，以及Trimmer的H. 'Blue Sky Baby'，Smith的H. 'Blue Delicious' 等品种蓝色调也更加明显，向蓝色萱草育种进了一大步（图3.7）。经过育种者的共同努力，相信不久的将来纯蓝色萱草品种有望面世。

和其他花卉育种一样，萱草育种也追求奇特的颜色，比如黑色。萱草的黑色多为深紫色或黑紫色品种，花径大小、花型等也有所变化。介于黑色和红色之间的巧克力色成为近些年的新宠。此外，花瓣上具有彩色斑点、彩条、斑块、油画色彩的品种已经陆续问世，提供了一种全新的视觉体验，不久将来可能成为新的育种方向（图3.8）。

图3.8 彩条、斑点、斑块、油画色彩萱草

图3.7 萱草蓝色品种

图3.9 单瓣萱草

（四）花型育种

目前萱草品种的花型已经十分丰富多样，形态结构上分为单瓣、重瓣、蜘蛛、异型、多瓣、复合花型等。花瓣或花萼尖部的卷缩、扭曲、弯曲等形状，花心、花环、花眼、花缘饰边等颜色和样式上的变化，极大地丰富和扩大了萱草的观赏性和应用范围。

单瓣品种是指具有3枚花瓣、3枚萼片、6枚雄蕊、1个雌蕊的花。单瓣品种一直是萱草的主流，

萱草育种家追求单瓣花的花径、花喉、花眼、花边等颜色和颜色样式上的变化（图3.9）。

很多人对重瓣花情有独钟，有些育种者也把培育重瓣萱草品种作为主攻方向。美国萱草协会于1975年设立重瓣萱草奖，以推动重瓣萱草育种。20世纪70年代之前重瓣型萱草登录品种只有52个，70年代有270个，2000—2010年10年间则有1190个重瓣品种登录，而后发展速度更快，2010—2015年5年间就有1200个重瓣萱草品种问世，可见萱草育种界对重瓣品种的

图3.10 重瓣萱草

热衷程度。我国历史上就有重瓣萱草（*H. fulva* 'Kwanso'）栽培观赏的记载。萱草育种先驱Stout在1960年登录了第一批重瓣品种*H.* 'Zelda Stout'、*H.* 'Arlow Stout' 等。到目前为止，重瓣类型从低矮品种、小花品种、大花品种，蜘蛛型品种、异型品种、多色品种等应有尽有（图3.10）。应当指出的是，由于内因（主要是基因）和外因（环境因子及栽培因素）以及其他目前未知的因素影响，重瓣品种并非总是开出重瓣花。重瓣花存在着在不同地区表现不稳定、出现重瓣率降低或失去重瓣特性的问题。

蜘蛛型萱草被定义为花的花瓣长与宽的比例不低于4。进入21世纪以来，尽管人们仍然喜欢圆形和花瓣边缘褶皱的花型，但越来越多的育种者期望在花型上有所改变。蜘蛛型萱草的出现，正是在这种渴望下得到的成果。为了鼓励蜘蛛型萱草品种的选育，1989年美国萱草协会设立了以Harris Olson命名的蜘蛛型萱草品种奖。目前蜘蛛型品种选育主要集中在单瓣品种上。20世纪90年代是二倍体蜘蛛型萱草育种的黄金时期。蜘蛛型品种也由单色发展到了复色、镶边、大花、异型等。但由于二倍体品种花葶较细弱，容易出现倒伏或倾斜问题，后来逐渐有了四倍体蜘蛛型萱草品种。当前，四倍体蜘蛛型品种仍然较少，培育新的四倍体蜘蛛型萱草品种是育种热点之一（图3.11）。

异型则是专门基于萱草花的花瓣、萼片的形态分类的，其中包括卷缩型、瀑布型、匙型三种

图3.11 蜘蛛型萱草

图3.12 异型萱草

类型。这3种类型需要在至少3枚花瓣或3枚萼片上得到表现才能算异型（图3.12、图3.13）。早在1929年Stout登录了萱草品种*H.* 'Wau-Bun'，尽管当时还没有异型萱草这个名词，但该品种已经具备了异型萱草的特征，3枚花瓣上具有了明显的卷缩形态。第一个官方认可的黄色异型品种*H.* 'Taruga'（1933）也是Stout培育的，其3枚花瓣和3枚花萼均具卷缩特征。8年之后Stout又登录了玫瑰红色品种*H.* 'Rosalind'，花瓣具有了瀑布形态。1990—1997年，总计有91个二倍体异型品种和20个四倍体异型品种登录。除了这些品种以外，加上2000年之前的其他登录品种一起正式列入了美国萱草协会品种登录系统中，并设立了异型萱草品种奖。被称为异型萱草之父

的Margo Reed培育了许多异型萱草流行品种，在20世纪90年代他登录了7个二倍体异型萱草品种。Richard Webster20世纪80年代开始登录四倍体异型萱草，到了90年代选育出了许多亮红色异型品种，其中*H.* 'Red Suspenders'（1990）成为当时美国最流行的品种之一。Stamile可以说是20世纪90年代最优秀的四倍体萱草育种家，他的最著名的品种*H.* 'Ruby Spider'（1991），获得了美国萱草协会2002年异型萱草品种奖及其他多项大奖。Curt Hanson在90年代登录了3个品种的多倍体萱草，其中*H.* 'Primal Scream'（1994）于2001年获得美国萱草协会异型萱草品种奖和学会最高奖"Stout Silver Medal"。进入21世纪，异型萱草育种不仅限于花瓣或花萼尖部的卷缩、扭

图3.13 多瓣异型品种

曲、弯曲等性状。综合的形态特征逐渐在新品种得到显现，色彩上出现蓝色、绿色、白色等，其他特征如脉纹、多瓣、重瓣、水印、齿边也在异型萱草新品种有所显现。

在花型育种上表现突出的育种者Jamie Gossard自从2000年登录了他的第一个萱草品种后，到目前为止已经登录了500多个品种，其中247个是异型品种，39个蜘蛛型品种。他的主要贡献是重瓣蜘蛛型品种选育。Gossard目前已经获得美国萱草协会的35个提名奖和6个优胜奖，他2004年登录的H. 'Heavenly Angel Ice' 和2009年登录的H. 'Heavenly United We Stand' 分别获得2013年和2017年学会最高奖 "Stout Silver Medal"。其异型品种H. 'White Eyes Pink Dragon'（2006）获得2014年协会异型萱草品种奖。

（五）花眼、花缘饰边、浮雕与带有附属物花瓣育种

"花眼"是指围绕着花喉底部的带颜色的环。目前，新品种的花眼呈现不断变大的趋势，甚至延伸到了花瓣的外缘（图3.14）。

花瓣边缘的颜色和形态具有很强的装饰功能，在许多场合饰边成为现代园艺品种的标志。老品种的花瓣镶边颜色主要以白色和黄色为主，经过育种者多年的努力，出现了绿色及红色饰边。在饰边育种方面最明显的进展是不同颜色齿状饰边系列品种的出现，把饰边育种带入了一个新的方向，产生了萱草新品种类型（图3.15）。随着时间的推移，不同花型、不同花色、不同颜色样式，乃至重瓣的齿状镶边新品种不断涌现。同时双色花边、齿状镶边与花喉、花眼复合新品种相继问世，大大提高了萱草花的观赏性。

浮雕花瓣是指花瓣正面具有立体花纹，看似像雕刻，具有较强的装饰性，也产生了新的花型名词。Dan Hansen在该领域的创新育种中起到了关键作用。过去的几年里他登录了许多具浮

图3.14 花眼育种

图3.15 花缘饰边育种

雕花瓣的黄色和粉色系列品种。Brad Best的萱草育种主要集中在花瓣上带有附属物的品种选育，他本人称该类品种为"胡须"型，自2010年登录第一个"胡须"型深粉色的品种*H.* 'Dan Patch' 以来，到目前已有近百个该类型的品种登录（图3.16）。

（六）花期育种

在萱草的花期育种上，一方面体现于单体花期，即延长萱草单朵花开放时间，另一方面是延长群体花期，期望培育出早花、晚花、花量大、花期长的品种。

培育极早开花或极晚开花的萱草品种可以大大延长观赏期。为了鼓励早花育种，美国萱草协会在2005年专门设立了早花品种铜奖。参加评奖的品种登录时必须注明是"早花E"或"极早花EE"品种，并且在登录5年后才有资格参评。我国原生种质资源中不乏极晚开花的变异种，为极晚花品种的培育奠定了基础。国外专注于极晚品种选育的人不多，从2016—2020年期间，登录极晚花品种只有39个品种，多数为二倍体异型品种。萱草重复开花特性也是现代园艺品种所具备的重要特征，因为萱草重复开花的特性在不同的气候、不同栽培条件下表现不一，因此在品种登录和推广中，这一特性需要注明，多数萱草应用和育种人员对这一指标越来越重视。

增加花量同样可以延长萱草观赏期。要实

图3.16 浮雕与带有附属物花瓣育种

图3.17 萱草育种展示

现花量大，一是培育单个花莛之上能发育更多的花蕾，另一个途径是培育单个花莛上有更多分枝的品种，花莛分枝多可大大提高单个花莛上的花蕾数量。目前花蕾数、分枝数是在品种登录时需要填写的两个重要指标。过去，多数萱草新品种单枝花莛有20个左右的花蕾，目前某些新品种花莛分枝数达到5~7个，花蕾数最多的达到50朵以上。我国原生种中的多花萱草和黄花菜都是用这种方式实现丰花或多花的目标，花期可达3个月。利用这些基因，培育花量大、花期长的新品种萱草潜力很大（图3.17）。

（七）抗性育种

锈病、叶枯病是萱草栽培种植中十分常见的病害，是萱草应用发展的限制因素之一，培育耐萱草锈病、叶枯病等病害的品种十分必要。此外，抗寒、抗旱、抗盐碱、抗虫、耐阴等抗逆能力也值得关注。

（八）叶色育种

目前已有大量半常绿、常绿萱草品种，培育新的花叶、金叶、具黄色或白色斑纹、特殊色泽观叶品种，可以大大增加萱草非花期的观赏性。最早出现的花叶品种是*H.* 'Variegated Kwanso'，它被认为是*H.* 'Kwanso' 的斑锦变异，目前花叶类萱草品种基本都来自于自然变异，经人工选择固定培育而来。新的花叶品种也不断登录问世，如*H.* 'White Stripe'、*H.* 'Golden Zebra'、*H.* 'Identity Crisis'、*H.* 'Variegated Cream' 等。

从萱草育种的历史和进展中可以看出，萱草的育种技术也是处于一个不断发展的过程中。早期萱草品种多是利用常规的杂交育种，包括萱草原生种、原生种与品种、品种与品种之间的杂交授粉。从20世纪40~60年代，萱草倍性育种开始兴起，育种者利用秋水仙素在萱草的不同生长阶段不同部位尝试诱导产生四倍体萱草。在接下来的几十年里，四倍体新品种选育不断取得进展，直到今天，四倍体育种仍然是萱草育种的主流。21世纪以来，利用基因工程等手段进行分子育种为育种工作带来了新的革新。萱草的分子育种技术尚处于起步阶段，主要为一些基础研究工作，但这些研究为萱草新品种的培育奠定了基础并提供了数据参考。展望未来，萱草育种仍将以传统的人工杂交选育新奇品种来迎合市场的需求，育种目标也越来越细化。在利用二倍体与二倍体、四倍体与四倍品种之间杂交育种为主流的基础上，积极利用二倍体和四倍体倍性育种、诱变育种技术探索新的育种方向。利用分子生物学技术方法，开展定向转基因、基因编辑育种，以期获得抗逆、香花和珍稀花色（如蓝色）育种的突破及提高育种效率。期待未来分子育种手段能对萱草的育种带来突破性的帮助和发展。

我国作为萱草属植物野生种分布中心，萱草种质资源丰富，我们应该重视大自然这一恩赐，利用我国萱草种质优势，培育出更多符合中国土壤和气候条件及消费需求的、具有自主知识产权的新品种，这对萱草属植物更广泛的利用有很大的意义和价值。将萱草资源优势转化为品种优势，实现资源大国向育种强国的转型。同时，我们需要普及和宣传萱草文化，提高公众对萱草这一传统花卉的认识，加强萱草品种的推广应用工作，开发相关衍生产品和文化创意产品，营造具有萱草文化特色的景观，让萱草及萱草文化成为人们日常生活中一道亮丽的风景线。

第四章

萱草品种

Charpter 4 Cultivar of *Hemerocallis*

萱草作为国际三大宿根花卉之一，其育种成就堪称世界花卉育种的一大奇观。根据美国萱草协会登录品种的官方数据库记载，目前国际登录的萱草品种达9万多个，全球每年有2000多个新品种被登录。

早在1941年，被誉为"现代萱草育种之父"的A. B. Stout，针对当时的萱草园艺种，公布了关于萱草品种花的15个色型式，对花朵正面的色彩，按色调深浅配合型的不同，划分为四级。龙雅宜等（1981）曾就引种选育出的60个多倍体萱草新品种，将花色大类作为第一分类标准，并在各色系中按花莛高度顺序排列，同时将园林应用中需要考虑的主要特征、特性如是否有茎芽、是否二次开花等罗列其中。根据花色变化，划分为7个色类：茉莉黄类、柠檬黄类、杏黄类、金橙类、胭脂红类、石竹紫类和墨红类。进入21世纪，随着国内萱草育种事业起步，新品种不断被引进，面对纷繁复杂的萱草种类，建立一个科学实用的萱草品种分类体系显的尤为重要。杜娥等（2005）在"大花萱草品种分类标准初探"的研究中，借鉴了"二元分类法"的原则，以引进栽培的大花萱草品种为材料，选取遗传基因类型、株型、绿期长短、花期早晚及花部特征等影响观赏价值的形态特征作为主要分类依据，提出了萱草品种的5级分类标准，并应用该标准将21个品种分为2类、4型、8个品种群。之后，朱华芳（2008）在《萱草品种分类、筛选及部分品种遗传背景分析》一文中，以引种收集的上百个萱草品种为材料，选取萱草稳定的遗传性状——染色体数目、开花习性作为第1、2级分类标准，并根据不同形态指标受环境影响程度的大小，依次选取绿期长短、瓣化程度、花型花色及相关花部特征描述、花茎高度、花朵直径和花期作为3～8级分类标准，提出了针对萱草园艺品种的分类体系，并根据制定的8级分类标准，将10个萱草栽培品种分为2类、2型、2群与5个色系。崔虎亮等（2019）以花瓣与萼片颜色的不同、瓣片颜色、花的色型式为主要依据，将收集的183个萱草栽培品种分为2类、5个色系、4型。即以花瓣与萼片颜色不同分为单色与双色两类，为第一级；再以瓣片颜色差异，分为橙色、黄色、粉色、红色和紫色共5个色系为第二级；最后以花部颜色图案不同，分为纯色、渐变色、水印、眼斑共4种类型为第三级。

虽然国内外学者对萱草品种分类进行了一些探索，然而这些分类方案均存在着一些问题。首先是针对的萱草品种数量和品种类型有限，而能涵盖当前主要类型的现代萱草品种略欠缺，材料的代表性和多样性不强，特别是2000年以后的品种较少。其次，分类标准针对性不强，一些受栽培条件影响较大的性状不宜作为主要分类标准，同时分类标准也过少。最后在进行花卉品种分类时，分类标准应恰到好处。划分过多，难以区别清楚；划分太少，一些典型品种放不到恰当位置上。

由于萱草品种数量众多，类型多样，想要建立一个适合大部分园艺种的统一的分类标准体系显然比较困难。其品种分类体系，也因不同分类依据而异。现主要介绍美国萱草协会针对萱草品种主要观赏性状的分类。

一、萱草品种分类

（一）根据花型分类（Flower Form）

1.单瓣型（Single）

具有正常的内外两轮花被片（3个花瓣+3个萼片），6枚雄蕊和1枚雌蕊。单瓣型花偶尔也会出现每一轮花被片的增多或减少（图4.1）。

2.重瓣型（Double）

具有多层花瓣（即多个花瓣层）或瓣化雄蕊。又分：

（1）芍药型重瓣（Peony Type Double）：由"雄蕊瓣化"形成（有时心皮也可能发生瓣化），花朵中间伸出额外的花瓣状物，形成像芍药一样的花朵（图4.2）。

（2）套叠型重瓣（Hose-in-Hose double）：在一层花瓣上又多了一层花瓣或者花瓣状物，看起来就像数朵花相套叠在一起，每一轮基数为3（图4.3）。

对于单个花朵，也可以是这两种重瓣类型的组合。重瓣品种并不总是开出重瓣花，在同一品种或者同一植株中既有可能产生重瓣花也有可能产生单瓣花，尤其是花期较早的品种。此外，重瓣性还受到温度的影响，比如在较冷的环境中一些重瓣品种常产生单瓣花，而在温暖的气候下它们更容易开出重瓣花。

3.多瓣型（Polymerous）

花被片2轮，每轮花被片数目多于正常的3枚（常为4或5枚或更多），雄蕊数目为8或10枚或更多（图4.4a、图4.4b）。

4.蜘蛛型（Spider）

花瓣长度是其宽度的4倍或更多，即花瓣长宽比≥4。此类萱草的花瓣和萼片细长，整朵花看起来像蜘蛛（图4.5）。

5.异型（Unusual Form）

花冠（3个花瓣）或花萼（3个萼片）展现出独特的形状，整朵花看起来像是在"运动"着。此类萱草的花瓣和萼片通常也较窄长，但比蜘蛛型花宽，通常相邻花被片之间重叠程度低，形成一个"V"形缺口。分为：

（1）卷缩型（Crispate）

①捏折卷缩型（Pinched Crispates）：花被片强烈折叠而产生捏折或折叠的效果（图4.6）。

②扭曲卷缩型（Twisted Crispates）：花被片展现出螺旋状或纸风车轮旋的效果（图4.7）。

③羽毛管卷缩型（Quilled Crispates）：花被片沿其长度方向自行反卷成管状而似羽毛管（图4.8）。

（2）瀑布型（Cascade）：花被片呈现明显的狭长卷曲或瀑布状，而形似木刨花（图4.9）。

（3）铲型（Spatulate）：花被片的末端明显变宽，像是厨房用的铲子（图4.10）。

6.雕刻型（Sculpted）

花朵具有涉及或产生于喉部、中肋或花瓣表面其他部分的三维结构特征。分为：

（1）纵褶（Pleated）：花瓣在中肋两侧具深纵向折痕，这些折痕引起花瓣自身折叠，从而形成了一个从花被管的顶部向外延伸并终止于喉部和花瓣先端之间的凸起平台（图4.11）。

（2）饰冠（Cristate）：花朵具有产生于中肋或花瓣表面其他部分的鸡冠状附属物。

①中肋饰冠（Midrib Cristate）：鸡冠状附属物出现在中肋（图4.12）。

②哥特饰冠（Gothic）：鸡冠状附属物出现在花瓣表面其他部分（图4.13）。

（3）浮雕（Relief）：花朵具有从花瓣表面突出并由喉部向外延伸的垂直凸起的脊（图4.14）。

（二）根据花径分类（Flower Size）

1.迷你型（Miniature）

花径8cm以下（图4.15）。

2.小花（Small）

花径8～11cm（图4.16）。

图4.1　图4.2　图4.3　图4.4a　图4.4b　图4.5　图4.6　图4.7　图4.8　图4.9　图4.10　图4.11　图4.12　图4.13　图4.14　图4.15

3.大花（Large）

花径11~18cm（图4.17）。

4.特大花（Extra Large）

花径不小于18cm（图4.18）。

（三）根据花期分类（Season of Bloom）

根据开花的相对早晚，可分为：

1.极早花（Extra Early，缩写EE）

早于当地萱草花期集中期超过1个月开始开花（图4.19）。

2.早花（Early，缩写E）

早于当地萱草花期集中期2~4周开始开花（图4.20）。

3.中早花（Early Midseason，缩写EM）

早于当地萱草花期集中期1~2周开始开花（图4.21）。

4.中花（Midseason，缩写M）

花期处于当地萱草最集中的开放时间（图

图4.16　图4.17　图4.18　图4.19　图4.20　图4.21

4.22）。

5.中晚花（Late Midseason，缩写MLa）

晚于当地萱草花期集中期1~2周开始开花（图4.23）。

6.晚花（Late，缩写La）

晚于当地萱草花期集中期2~4周开始开花（图4.24）。

7.极晚花（Very Late，缩写VLa）

晚于当地萱草花期集中期超过1个月开始开花。

（四）根据花莛高度分类（Height of Scape）

1.矮小型（Dwarf）

花莛高度30cm以下（图4.25）。

2.矮型（Short）

花莛高度30~60cm（图4.26）。

3.中型（Medium）

花莛高度60~90cm（图4.27）。

4.高型（Tall）

花莛高度90~120cm（图4.28）。

5.巨型（Giant）

花莛高度不低于120cm（图4.29）。

（五）根据花色分类（Basic Flower Color）

花色是指萱草花朵本身的颜色，即花的基本色，而非图案色、边缘色或喉部色彩，分为：

1.白色系列（White）

白色至奶油色（图4.30、图4.31）。

2.黄色系列（Yellow）

淡黄色至金黄色（图4.32、图4.33）。

3.橙色系列（Orange）

杏色、肉色至橙色（图4.34、图4.35）。

4.粉色系列（Pink）

桃色至玫瑰粉色（图4.36、图4.37）。

5.紫色系列（Purple）

淡紫色至紫色（图4.38、图4.39）。

5.红色系列（Red）

红色至暗红色（图4.40、图4.41）。

图4.30　图4.31　图4.32
图4.33　图4.34　图4.35
图4.36　图4.37　图4.38
图4.39　图4.40　图4.41

图4.42 图4.43 图4.44 图4.45 图4.46 图4.47 图4.48 图4.49

（六）根据花部颜色图案分类（Color Pattern）

现代萱草的花朵表现出一些复杂和迷人的颜色图案，且许多花色在野生种中是不存在的，这些花部颜色分布变化给萱草花朵增添了许多美感。

1.单色（Self）

内外轮花被片颜色和明暗完全相同，具花眼或花边的类型除外（图4.42）。

2.混色（Blend）

花被片颜色是两种颜色相互掺杂而成的混合色，内外轮花被片颜色之间没有区别（图4.43）。

3.多色（Polychromes）

两种以上的颜色同时分布在花瓣和萼片上，与混色类似，只是颜色更多（图4.44）。

4.双色（Bicolor）

花瓣和萼片的颜色完全不同（图4.45）。

5.双调色（Bitone）

花瓣和萼片的颜色相同，但是颜色的明度和深浅不同（图4.46）。

6.花喉（Throat）

花朵的中心区域，位于花被片基部与花被管连接处，通常颜色与花被片颜色不同，常见的是黄色、绿色和橙色，不同种类其喉部大小也不一（图4.47至图4.49）。

7.花眼（Eye）

内外轮花被片先端和花喉之间的与主色形成对比的深色眼斑（图4.50）。

8.花环（Band）

只分布在花瓣上的深色眼斑（图4.51）。

9.晕环（Halo）

花瓣和（或）萼片上隐约可见的深色眼斑（图4.52）。

10.水印（Watermark）

内外轮花被片先端和花喉之间的与主色形成对比的浅色眼斑（图4.53）。

11.花边（Edged）

花被片边缘具有与主色形成对比的或深色或浅色的装饰边（图4.54）。

12.钻石光泽（Diamond Dusting）

在阳光照射下花瓣细胞中微小晶体的反光现象，从而使得整朵花像钻石一样闪闪发光的效应（图4.55）。

13.洒锦（Broken Colors）

包括斑点（spots）、喷点（stippled）、条纹（striped），花朵表面上分布有与主色形成对比颜色的斑点、斑块或条纹（图4.56、图4.57）。

14.贴花（Applique）

花朵表面具有的不透明的颜色图案，好似刷了一层涂料，从喉部向外延伸至中肋及花被片表面（图4.58、图4.59）。

15.图案（Patterned）

花朵主色、花肋颜色或喉部颜色在色调、明度或饱和度上表现出一定变化，使得花眼部分的颜色不再只是单纯一种颜色，而呈现出万花筒效果的装饰图案。包括但不限于同心环式的多层花眼，也有羽毛状的图案（图4.60、图4.61）。

（七）根据叶冬态分类（Foliage Habit）

叶冬态指萱草叶片在冬季的形态表现。可分为3类：

1.休眠型（Dormant，缩写Dor）

在霜冻前或霜冻后不久叶片完全枯黄，通常在地表下形成休眠芽越冬，翌春重新开始生长（图4.62）。

2.常绿型（Evergreen，缩写Ev）

叶终年保持不枯，除非寒冷的天气阻止其生长，否则它们会不断产生新的叶片。在温暖的气候下常绿型萱草的叶片整个冬天都保持绿色，而在严寒的气候下常绿品种的叶片几乎总是被冻枯（图4.63）。

3.半常绿型（Semi-evergreen，缩写Sev）

不容易被简单地归类为常绿或休眠的中间类

型（图4.64）。

4.67）。

（八）根据开花习性分类（Blooming Habit）

1.白天开花型（Diurnal，缩写Diu）

早晨或白天开花，晚上凋谢（图4.65）。

2.夜间开花型（Nocturnal，缩写Noc）

傍晚时开花，第二天中午前后凋谢（图4.66）。

3.长时开放型（Extended，缩写Ext）

单朵花的开放时间至少保持16个小时（图

（九）根据染色体数目分类（Ploidy）

1.二倍体（Diploid，缩写Dip）

2n=22（图4.68）。

2.四倍体（Tetraploid，缩写Tet）

2n=44（图4.69）。

3.其他（Others）

如三倍体、五倍体、六倍体等。

图4.66

图4.67

图4.68

图4.69

二、萱草优秀品种介绍

当今世界萱草品种数以万计，且不断有新品种被培育出来，因此，不可能有一本专著能收纳所有的萱草品种，这也增加了人们对品种的辨别难度。所幸，美国萱草协会建立了一个网站，并构建了一个收录所有已知登录萱草品种的在线数据库（https://daylilies.org/DaylilyDB/），其附有品种图片和相关资料，免费供人们浏览和查询。然而，面对市场上如此纷繁的品种，如何选择心仪的优秀品种对于一些种植者特别是新手而言是个挑战。为此，我们根据多年的萱草栽培实践，选择了部分品种并加以简单介绍，以飨读者。这些品种在上海地区的立地条件下，各方面表现良好，观赏价值高，是广大萱草爱好者的入门首选。需要注意的是，品种相关信息都来自美国萱草协会官方数据库及育种者个人网站，仅供参考。一些性状在当地条件下表现可能会有所出入，特别是数量性状（如花莛高、花径等）可能会因栽培地点的气候与土壤、管理水平、每年的开花时间等的不同而有些许差别，这些都在可理解的范围内。对于一些品种我们也做了备注，希望能对各位读者有所帮助。

文中提及的萱草奖项：Stout指美国萱草协会品种最高奖斯托特银质奖（Stout Silver Medal）；AM（Award of Merit）表示优异奖；HM（Honorable Mention）表示荣誉奖。

H. 'All American Chief'

育种者：Sellers	倍性：四倍体
育成年份：1994	叶冬态：休眠
花莛高：81cm	开花习性：白天开花
花径：23cm	花色描述：红色具大的黄色花喉
花期：中早、二次开花	奖项：Stout 2008; AM 2004; HM 1999
花型：单瓣型	

备注：花朵是耐晒的中国红色，花型开张平展，株型优雅，开花整齐，特大花，开花量大，多年来一直是最受欢迎的品种之一。

H. 'All Fired Up'

育种者：Stamile	倍性：四倍体
育成年份：1996	叶冬态：常绿
花莛高：51cm	开花习性：白天开花
花径：15cm	花色描述：橙色带有红色花眼及饰边，喉部绿色
花期：早、二次开花	奖项：AM 2005; HM 2002
花型：单瓣型	

备注：复花性最好的品种之一，花期可延续3个月之久。在上海地区，开花期为中早花。

H. 'Bela Lugosi'

育种者：Hanson–C.
育成年份：1995
花莛高：84cm
花径：15cm
花期：中
花型：单瓣型

倍性：四倍体
叶冬态：半常绿
开花习性：白天开花
花色描述：深紫色具绿色花喉
奖项：AM 2001; HM 1998

备注：花朵是耐晒的紫色，花瓣质地厚实，植株长势强健，多年来一直是人们最受欢迎的品种之一。在上海地区，开花期为中早花。

H. 'Canadian Border Patrol'

育种者：Salter
育成年份：1995
花莛高：71cm
花径：15cm
花期：中早、二次开花
花型：单瓣型

倍性：四倍体
叶冬态：半常绿
开花习性：白天开花
花色描述：奶油色带有紫色花眼及镶边，喉部绿色
奖项：AM 2001; HM 1998

备注：在上海地区，冬季常绿。

H. 'Celebration of Angels'

育种者：Trimmer
育成年份：1999
花莛高：64cm
花径：12cm
花期：早、二次开花
花型：单瓣型
倍性：四倍体

叶冬态：常绿
香味：芳香
开花习性：白天开花
花色描述：奶油色带有黑紫色花眼及细的金色镶边，喉部绿色
奖项：AM 2006; HM 2002

H. 'Dorothy and Toto'

育种者：Herrington–K.
育成年份：2003
花莛高：76cm
花径：15cm
花期：中、二次开花
花型：重瓣型
倍性：四倍体

叶冬态：半常绿
香味：芳香
开花习性：白天开花
花色描述：花色为玫瑰色、桃红色、奶油色的混合，喉部绿色
奖项：Stout 2015; AM 2012; HM 2009

H. 'El Desperado'

育种者：Stamile
育成年份：1991
花葶高：71cm
花径：13cm
花期：晚
花型：单瓣型

倍性：四倍体
叶冬态：休眠
开花习性：长时开放
花色描述：芥末黄色带有勃艮第紫色
花眼及镶边，喉部绿色
奖项：AM 2000; HM 1997

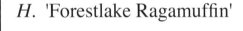

H. 'Fooled Me'

育种者：Reilly-Hein
育成年份：1990
花葶高：61cm
花径：14cm
花期：中早
花型：单瓣型

倍性：四倍体
叶冬态：休眠
开花习性：长时开放
花色描述：金黄色带有红色花眼及镶
边，喉部绿色
奖项：Stout 2005; AM 2001; HM 1998

H. 'Forestlake Ragamuffin'

育种者：Harding-F.
育成年份：1993
花葶高：71cm
花径：14cm
花期：中早
花型：单瓣型

倍性：四倍体
叶冬态：休眠
开花习性：白天开花
花色描述：粉红色带有金色褶边，喉
部绿色
奖项：AM 2009; HM 2005

备注：株型优美，开花整齐，花葶分枝性好，开花量大，重要的多倍体齿
边萱草育种亲本之一。

H. 'Francois Verhaert'

育种者：Stamile
育成年份：2001
花葶高：61cm
花径：14cm
花期：中早、二次开花
花型：单瓣型
倍性：四倍体
叶冬态：常绿

香味：芳香
开花习性：白天开花
花色描述：紫粉色带有深堇紫色花眼
及镶边，喉部绿色
亲本：（Bold Encounter × Awesome
Blossom）
奖项：AM 2008; HM 2005

H. 'Free Wheelin'

育种者：Stamile
育成年份：2004
花葶高：86cm
花径：23cm
花期：极早、二次开花
花型：蜘蛛型（4.69∶1）

倍性：四倍体
叶冬态：常绿
开花习性：白天开花
花色描述：浅黄色带有勃艮第红色花
眼，喉部绿色
奖项：AM 2013; HM 2010

备注：非常流行的四倍体蜘蛛型萱草，在上海地区，开花期为早花。

H. 'Get Jiggy'

育种者：Stamile
育成年份：2008
花葶高：94cm
花径：13cm
花期：中早、二次开花
花型：单瓣型
倍性：四倍体

叶冬态：休眠
香味：芳香
开花习性：白天开花
花色描述：浅紫粉色带有复合紫罗兰
色花眼及镶边，喉部绿色
奖项：AM 2018; HM 2015

H. 'Heavenly United We Stand'

育种者：Gossard
育成年份：2009
花葶高：130cm
花径：23cm
花期：中
花型：单瓣型

倍性：四倍体
叶冬态：休眠
香味：芳香
开花习性：白天开花
花色描述：血红色具优美的绿色花喉
奖项：Stout 2017; AM 2015; HM 2012

备注：花朵是非常耐晒的红色，花瓣质地厚实，具丝绒感，开花量大，多年来一直是最受欢迎的红色品种之一。在上海地区，花期长达60天。

H. 'Highland Lord'

育种者：Munson-R.W.
育成年份：1983
花葶高：56cm
花径：13cm
花期：中晚
花型：重瓣型

倍性：四倍体
叶冬态：半常绿
开花习性：白天开花
花色描述：鲜红色带有黄色花边，喉
部黄绿色
奖项：HM 1985; AM 1991

备注：花朵是耐晒的烛红色，有时会出现单瓣花朵。植株长势强健，繁殖系数高。

H. 'Janice Brown'

育种者：Brown–E.C.
育成年份：1986
花葶高：53cm
花径：11cm
花期：中早、二次开花
花型：单瓣型

倍性：二倍体
叶冬态：半常绿
开花习性：白天开花
花色描述：浅粉红色带有玫红色花眼，喉部绿色
奖项：Stout 1994; AM 1992; HM 1989

H. 'Jason Salter'

育种者：Salter–E.H.
育成年份：1987
花葶高：46cm
花径：7cm
花期：中早、二次开花
花型：单瓣型

倍性：二倍体
叶冬态：常绿
开花习性：白天开花
花色描述：黄色带有水洗蓝紫色花眼，喉部绿色
奖项：AM 1995; HM 1992

备注：复花性较好的二倍体迷你型萱草，株型优美，花葶分枝性好，开花量大。在上海地区的立地条件下，花葶往往更高。

H. 'Lullaby Baby'

育种者：Spalding–W.
育成年份：1975
花葶高：48cm
花径：9cm
花期：中早
花型：单瓣型

倍性：二倍体
叶冬态：半常绿
香味：芳香
开花习性：长时开放
花色描述：浅粉色具绿色花喉
奖项：AM 1983; HM 1980

备注：经典的浅色系小花型萱草，植株长势强健，花葶粗壮，分枝性好，开花量大。在上海地区的立地条件下，花葶可达60cm，甚至更高。

H. 'Madeline Nettles Eyes'

育种者：Kinnebrew–J.
育成年份：2004
花葶高：53cm
花径：6cm
花期：早、二次开花
花型：单瓣型
倍性：四倍体

叶冬态：半常绿
开花习性：长时开放
花色描述：橙褐色带有黑紫色花眼及镶边，喉部绿色
奖项：HM 2007; DFM 2010（协会重瓣奖）

H. 'Mary's Gold'

育种者：McDonell-H. 倍性：四倍体
育成年份：1984 叶冬态：休眠
花葶高：86cm 开花习性：白天开花
花径：17cm 花色描述：亮金橙色具绿色花喉
花期：中 奖项：AM 1991; HM 1988
花型：单瓣型

备注：极具观赏性的亮黄色大花萱草，花型开展扁平，使得整个花朵更加丰满。在上海地区，开花期为中早花。

H. 'Midnight Magic'

育种者：Kinnebrew 倍性：四倍体
育成年份：1979 叶冬态：常绿
花葶高：71cm 开花习性：长时开放
花径：14cm 花色描述：黑红色具有绿色花喉
花期：中早 亲本：（Ed Murray × Kilimanjaro）
花型：单瓣型 奖项：AM 1986; HM 1983

H. 'Off to See the Wizard'

育种者：Herrington-K. 倍性：二倍体
育成年份：2009 叶冬态：半常绿
花葶高：84cm 开花习性：白天开花
花径：14cm 花色描述：紫水晶色带有深紫色花眼
花期：中、二次开花 及白色花肋，喉部黄绿色
花型：独特型 奖项：HM 2020

备注：植株长势强，有很好的抗锈病能力，花葶粗壮，分枝性好，开花量大。在上海地区，冬季常绿。

H. 'Primal Scream'

育种者：Hanson-C. 倍性：四倍体
育成年份：1994 叶冬态：休眠
花葶高：86cm 开花习性：白天开花
花径：19cm 花色描述：橙色具绿色花喉
花期：中晚、二次开花 奖项：Stout 2003; AM 2000; HM 1997
花型：独特型

备注：植株长势强健，花枝整齐度高，开花量大，多年来一直是最受欢迎的品种之一。

H. 'Siloam Double Classic'

育种者：Henry-P.
育成年份：1985
花葶高：41cm
花径：13cm
花期：中早、二次开花
花型：重瓣型

倍性：二倍体
叶冬态：休眠
开花习性：长时开放
花色描述：亮粉红色具绿色花喉
奖项：Stout 1993; AM 1991; HM 1988

备注：经典的重瓣花型萱草，植株生长势强，开花量大。偶尔会出现单瓣花朵。

H. 'Spacecoast Sea Shells'

育种者：Kinnebrew-J.
育成年份：2003
花葶高：76cm
花径：14cm
花期：中早、二次开花
花型：单瓣型

倍性：四倍体
叶冬态：常绿
开花习性：白天开花
花色描述：奶油色带有紫色花眼和镶边，喉部具乳黄色贴花图案
奖项：AM 2009; HM 2006

H. 'Spider Miracle'

育种者：Hendricks-W.
育成年份：1986
花葶高：81cm
花径：22cm
花期：中
花型：独特型

倍性：二倍体
叶冬态：休眠
开花习性：白天开花
花色描述：黄绿色具绿色花喉
奖项：AM 1996; HM 1992

H. 'Star Over Oz'

育种者：Herrington-K.
育成年份：2005
花葶高：71cm
花径：22cm
花期：中早、二次开花
花型：独特型

倍性：二倍体
叶冬态：半常绿
香味：芳香
开花习性：白天开花
花色描述：紫色具大的绿色花喉
奖项：AM 2014; HM 2011

备注：植株长势强健，对锈病有很好的抵抗能力。在上海地区，冬季常绿。

H. 'Thin Man'

育种者：Trimmer　　　　　　　倍性：四倍体
育成年份：2002　　　　　　　　叶冬态：常绿
花葶高：107cm　　　　　　　　 开花习性：白天开花
花径：30cm　　　　　　　　　　花色描述：亮红色具黄绿色花喉
花期：中、二次开花　　　　　　 奖项：AM 2009; HM 2006
花型：独特型

备注：冬季表现最好的常绿型萱草之一，植株长势强健，抗性强。

H. 'Trahlyta'

育种者：Childs-F.　　　　　　　叶冬态：休眠
育成年份：1982　　　　　　　　香味：非常香
花葶高：76cm　　　　　　　　　开花习性：白天开花
花径：17cm　　　　　　　　　　花色描述：灰紫色带有深紫色花眼，
花期：中早、二次开花　　　　　 喉部绿色
花型：单瓣型　　　　　　　　　 奖项：AM 2004; HM 2001
倍性：二倍体

H. 'Webster' s Pink Wonder'

育种者：Webster-Cobb　　　　　倍性：四倍体
育成年份：2003　　　　　　　　叶冬态：半常绿
花葶高：86cm　　　　　　　　　开花习性：白天开花
花径：33cm　　　　　　　　　　花色描述：粉色具绿色花喉
花期：中　　　　　　　　　　　 奖项：Stout 2014; AM 2012; HM 2009
花型：独特型

H. 'Wild Horses'

育种者：Trimmer　　　　　　　倍性：四倍体
育成年份：1999　　　　　　　　叶冬态：常绿
花葶高：94cm　　　　　　　　　开花习性：白天开花
花径：18cm　　　　　　　　　　花色描述：奶油黄色带有黑紫色花
花期：早、二次开花　　　　　　 眼，喉部绿色
花型：单瓣型　　　　　　　　　 奖项：AM 2006; HM 2002

第三部分

萱草的繁殖、栽培与管理

PART III Propagation, Cultivation and Management of *Hemerocallis*

第五章

萱草繁殖

Chapter 5 Propagation of *Hemerocallis*

萱草的繁殖方式主要有有性繁殖和无性繁殖两种。有性繁殖主要是指种子繁殖，而无性繁殖通常是指通过分株、茎芽扦插和组织培养等方式进行的繁殖。

除了萱草原生种和部分二倍体萱草品种可以在自然条件下结种子之外，多数萱草品种，特别是多倍体品种，几乎不结种子，所以种子繁殖不是萱草种苗繁殖的主要方法。

一、种子繁殖

萱草种子育苗主要应用于两个方面：一是采用人工杂交育种得到的杂交种子，通过播种育苗筛选新品种，二是自然条件下获得的萱草种子，通过播种用于园林绿化和水土保持。

萱草种子为椭圆形蒴果，开花授粉后一般2个月左右果实成熟，开裂，露出黑色的种子（图5.1、图5.2）。从种子萌发到开花一般需要3年时间。

一般常绿萱草种子成熟后即可播种，种子播种后大约1周可发芽出苗。休眠型萱草的种子需要30天或更长的低温后熟过程才能正常萌发。处理休眠种子最简单的方法是将种子放入装有干燥剂的塑料袋中，或直接把干燥的种子密封，然后在4℃左右的冰箱中放置30～40天。低温处理后

图5.1 萱草果实

图5.2 萱草种子

的种子，发芽整齐一致，发芽率高。种子萌发对基质没有特别要求，但要注意通气、排水良好。根据种子数量的多少、管理水平的高低，可以在穴盘、苗床或花盆中播种育苗，如果直接在大田播种，则要求种床整理精细、土壤疏松肥沃。播种深度为0.5～1cm，株行距为2.5～3.5cm。发芽期间要保持基质湿润。发芽温度一般以20～25℃为宜（图5.3）。

种子萌发后2～3个月可直接下地，栽后用泥炭、锯末、木屑、玉米芯或粉碎的稻草覆盖，以减少杂草和保持水分。第一年，萱草幼苗期根系少且短，不耐旱，如果雨量不足，需要及时补充水分。如果做容器育苗，可以把种苗先栽到口径6～7cm的营养杯中，等长到10cm高时再移栽到成品容器。

图5.3 萱草种子繁殖

图5.4 萱草分株

二、无性繁殖

目前萱草常用的无性繁殖方式有分株繁殖、茎芽扦插和组织培养3种。

（一）分株繁殖

分株繁殖操作简单，是迄今为止最传统的萱草种苗繁殖方法，也是我国常规苗圃种苗生产中常用的方法。但分株繁殖速度较慢，一株萱草要长成可以分株的成丛植株通常需要几年时间。如果按3年实现繁殖系数是10来计算，在原种苗基数大的情况下，分株也是一种很好的萱草种苗繁殖方法。一般来说，二倍体品种较四倍体品种分蘖能力大。此外，气候、土壤肥力及管理对萱草的分株也有影响。南方平均气温高，无霜期长，萱草种苗分蘖快；北方平均气温低，无霜期短，分蘖慢。在水肥充足的条件下，分蘖速度也适当加快。萱草的分株时间最好是在春季或秋季。春天分株的萱草虽然生长较快，但第一年开花很少。秋天分株的萱草，翌年会产生较好的开花效果。

分株的第一步是先把待分株的整丛萱草株挖出来。挖苗时要求离植株15～20cm地方开始挖，绕着萱草植株挖一圈，挖苗的深度尽可能深一些，然后把整丛萱草挖出来，尽量保持根茎的完整。

挖出萱草丛后，把土壤抖掉或冲洗掉，会看到膨大的根条和块根，这些根系储藏了养分和水分，可以确保萱草分株移栽后生长良好。根据萱草丛的大小和萱草株数的多少，可以把一丛萱草分成2～3丛，甚至更多。每个分株带有的根系越多，成活率越高，恢复生长也越快。如果是苗圃生产，四倍体大苗可以分成单株分栽繁殖，如果是二倍体萱草，由于单株个体很小，分株时可携带的根系很少，可以分成3～4株小丛栽植，尽量多带根系，栽到地里一年内就有很好的开花效果。如果分成单株，则需要2～3年才能达到好的景观效果。

分株后剪去叶片上部，对四倍体植株大的品种剪到离根颈12～15cm处，对二倍体植株小的品种剪到根颈以上3～5cm（图5.4）。分株后应尽快栽植，避免根系干枯。栽植深度以根颈埋到地面以下2cm为宜。栽后要压实萱草植株周围的土壤。萱草喜欢阳光充足和富含有机质的湿润土壤。如果土壤板结，应该使用土壤有机肥调节。增施磷肥可以促进根系生长发育。

（二）茎芽扦插繁殖

有些萱草品种在有节间的花莛上会长出茎芽，茎芽会发育成完整植株（图5.5）。茎芽数量不多，不是主要的种苗繁殖途径，但可作为珍稀品种、组织培养及家庭园艺繁殖的一个途径。当花莛出现干燥或褐变时，可以取下茎芽插入通透性好的基质中繁殖（图5.6）。基质应通气疏松，可用珍珠岩：草炭（1：1）混合配制。成熟的茎芽，有的已经在植株上长出根系，更容易扦插成活。未成熟的茎芽扦插容易腐烂，在扦插前可用杀菌剂浸泡消毒，细心养护也可扦插成活。茎芽通常在10～30天产生根系，根系发达后可以移栽到花盆或苗床上。如果秋季之前栽植，翌年夏季就可开花。

（三）组织培养

植物细胞具有发育成一个完整植株的遗传基础，在适当的条件下，经过脱分化、再分化可以形成一个完整植株。植物组织培养是实现这一过程的重要技术手段。植物组织培养就是从植物体上获取符合需要的外植体（如某一部分组织、器官或细胞等），在人工控制条件下进行无菌培养，最终获得再生的完整植株。组织培养比分株繁殖、茎芽扦插繁殖效率高很多，而且优点众多，如保持母株优良性状、生长周期短、繁殖率高、培养条件可以人为控制、管理方便等，有利于工厂化生产和自动化控制。

通过萱草种子播种生产的种苗，变异率比较高，而通过组织培养生产的萱草种苗，不仅性状稳定、均一，还可以大批量生产，是萱草产业发展的必由之路。萱草种苗生产者不一定要成为组织培养专家，只要了解组织培养的基本原理和生产过程即可，必要时可以委托专业组培工厂生产。最简单有效的途径是购买商业化的组培苗，直接种植于苗圃来开展规模化生产。

组织培养是一个精细、严谨、环环相扣的过程，需要正确熟练地掌握这些步骤，才能够生

图5.5 萱草茎芽

图5.6 待扦插的萱草茎芽

产出所需要的种苗。组织培养的过程分为外植体取样、表面消毒、初代培养、增殖培养、壮苗培养、生根培养和出瓶移栽等步骤。具体如下：

1.取样

选取生长健壮、无病虫害的萱草植株作为取样母株，茎尖、花序轴、茎芽或开花前花蕾的子房都可作为外植体。

2.表面消毒

对选取的外植体进行整理，并切段。用自来水流水冲洗15～20分钟，在无菌条件下先用75%乙醇浸泡30～60秒，再用15%的次氯酸钠溶液浸泡10～20分钟，然后用无菌水冲洗3～5遍，洗掉消毒剂残液，最后接种于准备好的初代培养基中（图5.7）。

3.初代培养、增殖培养、壮苗培养和生根培养

不同培养阶段的培养基是根据萱草的品种提前配制好的，品种不同营养成分或激素水平也不同，最终使培养基配方适合所选萱草品种的生长。一般来说，初代培养需要添加低浓度的细胞分裂素和生长素；增殖培养阶段，需要添加高浓度的细胞分裂素，以此来刺激种苗的增殖分化；壮苗培养阶段，各种激素需要进一步降低，不产生增殖芽，主要是提高种苗质量；生根培养需要添加生长素来促进生根（图5.8至图5.10）。

组织培养对环境的要求非常高，首先要保持环境温度、光照适合植物的生长，其次整个组织培养区域需定期消毒，以保持洁净。

4.移栽炼苗

生根瓶苗放在日光培养室中放置2～4天后，将生根苗从瓶中取出，用自来水洗净根部黏附的培养基，移栽到穴盘中栽培（图5.11）。育苗基质采用通气疏松的珍珠岩和草炭1：1混合基质。移栽初期需要保持相对湿度95%以上，并适当遮阴，后期逐渐加强光照至全光照，并逐渐降低湿度。2个月后根系可以长满盘穴，根系盘成球后，很容易从穴盘中取出、根部土球不散的种苗才能达到出圃的标准。

图5.7 初代培养

图5.8 增殖培养

图5.9 壮苗培养

图5.10 生根培养

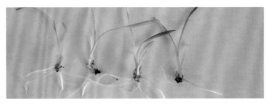

图5.11 生根组培苗

第六章

萱草栽培与管理

Chapter 6 Cultivation and Management of *Hemerocallis*

我国有近3000年的萱草栽培史，古人对萱草的立地条件、生物学特性及栽培方法，进行了全面观察和总结。萱草在我国分布范围广，生长适应性强，栽培历史悠久。唐宋以后民间种植已十分普遍，南北各地均有栽培。

关于萱草的种植栽培很早就有记载。宋代苏颂《本草图经》记载："萱草，处处田野有之"，可知萱草已经十分普遍。《陕西通志》亦记载："萱草，山中多有之"。萱草多生长在山坡地中，适应性极强，易于繁殖成活，栽植范围十分广泛。

有关萱草的种植方法，许多农业与植物典籍均有描述。《农政全书》对萱草的栽植特点作出总结："春间芽生移栽。栽宜稀，一年自稠密矣"。萱草要在春天生芽时移栽，栽植最好间隔稀疏，一年后会长得很稠密。《本草纲目》对萱草生长时间和环境记载较为详细："萱宜下湿地，冬月丛生。叶如蒲、蒜辈而柔弱，新旧相代，四时青翠。五月抽茎开花，六出四垂，朝开暮蔫，至秋深乃尽，其花有红黄紫三色。"

尽管萱草适应性强，但也需要管理，特别是园艺品种，经过多代的杂交培育，观赏性越来越高，但原生种的某些抗性会不同程度的丢失，因此要使萱草生长良好，需要进行恰当的管理，根据需要可提前制定合理的栽培管理方案，包括土壤、灌溉、施肥、覆盖、修剪及必要的病虫、杂草等防除措施。病虫、杂草的防除将在接下来的章节详细介绍。

一、萱草对土壤的需求

美丽的花园从土壤开始。虽然萱草对土壤的质地、pH、肥力等的要求不严格，但萱草更喜欢肥沃、湿润、通气、排水良好、微酸性的壤质土。

土壤的理化指标是萱草种植和长期养护的基础。因此，在种植萱草之前，要对土壤进行取样测试，测试内容包括土壤质地、土壤有机质含量、土壤酸碱性、土壤营养元素含量等。采用多点混合取样或定点取样，进行实验室化验分析，确定土壤pH和营养物质成分。如果营养物质缺乏或者pH对萱草来说不适合，就需要进行改良。

土壤酸碱度（pH）是土壤肥力的重要指标。它主要通过影响营养元素的有效性和微生物活性而影响植物的生长和品质（图6.1）。不适宜

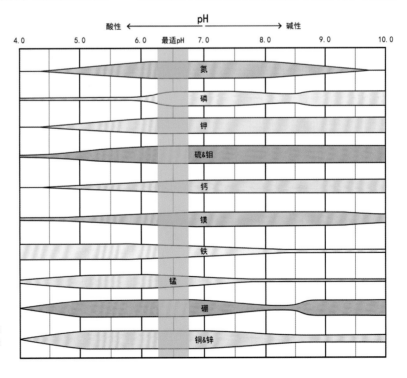

图6.1 土壤酸碱性与土壤养分有效性关系示意图（管怡雯基于Scott Elliott示意图修改绘制）

的土壤pH，常会引起土壤中某些营养元素的缺乏。土壤pH一般在4～10的范围，4是极酸性土壤，10则是极碱性土壤。如果土壤酸性或碱性太强，植物生长所必需的养分，如氮、磷、钾、硫、钙、镁、铁等对植物的有效性会降低。大多数观赏植物、蔬菜和草本植物在pH5.0～7.0的土壤中生长最好。萱草土壤的最佳pH6.0～6.5（微酸性），超出这个范围应该进行改良，以确保萱草的最佳生长。

一般来说，南方多雨地区土壤呈酸性，而干燥的北方地区碱性土壤分布更广泛一些。沿海平原地区土壤多为碱性。具体到当地土壤的pH和营养状况，最可靠的还是取样到专业机构测定。

如果土壤pH高于8，则为强碱性土壤，就应该采取措施降低土壤pH，土壤中施用酸性有机质，如草炭、松树皮粉碎物等会降低土壤pH，但过程缓慢，大概需要一个季节以上才能产生效果。施用含硫肥料会快速降低土壤的pH，但效果比较短暂，可能只会持续几个月的时间。施用硫磺降低pH时，因为需要土壤细菌的参与，将硫转化为硫酸来降低土壤的碱性，往往需要一年多的时间才能达到要求。无论使用哪种方法，土壤pH开始再次上升时，都需要重新添加改良剂进行调节。

土壤酸性太强（pH低于5），除了喜酸植物外，对其他多数植物来讲都需要改良土壤。提高土壤pH通常是通过添加碳酸钙（$CaCO_3$）来实现。常用的改良剂是生石灰和石灰石粉，石灰石粉施用起来更经济、方便。

土壤质地有很多种，有黏土、砂土、粉砂土和壤土。黏土是由非常细小的颗粒紧密堆积在一起组成的，颗粒之间的空隙很少，透水性差，容易积水，缺少空气，但有很好的保肥性。砂土的土壤颗粒之间空隙较大，透水透气性能好，但保肥性差，施用的养分容易流失。壤土是黏土、砂土和粉砂的较为均衡的混合物，通常含有较多的腐殖质，保肥性能好，透气透水，微生物丰富，

是最理想的土壤。

当种植土壤条件不够理想时，可通过土壤改良剂改善土壤结构，增加土壤的通气性、透水性、土壤微生物活性等。土壤物理改良剂分无机和有机两大类。无机材料，如蛭石、珍珠岩和沙主要通过分离土壤颗粒，创造更多更大的孔隙空间，从而增加土壤排水性。有机改良剂通过改善土壤结构，增加土壤透气性，增加水的渗透性，增加保水能力来改善土壤的物理特性。有机改良剂还有一个额外的好处，那就是在为植物提供养分的同时，也为土壤微生物提供食物来源。

枯枝落叶、园林修剪物、杂草、餐厨垃圾经腐化分解后制成堆肥，是一种很好的土壤改良

剂，牲畜粪便经过腐熟后也是非常好的土壤改良剂和有机肥。土壤改良剂和有机肥可以提供养分和有益微生物，改善土壤结构，增加透气性，增加渗透性，增加保肥水能力，从而改善土壤特性。

树木的落叶制成堆肥重复利用是很好的肥料来源，同等重量的叶片含有的矿物质是同等重量的粪肥的2倍。如果先粉碎好叶片，然后加入粪肥或其他含氮的肥料，隔3天翻一翻，2周内就可以制成堆肥。

把粉碎的、腐解的有机材料，如各种植物秸秆、树木修剪下的枯枝落叶等，覆盖到土壤表面具有调节土壤温度，减少蒸发和径流，抑制杂草生长，改善外观等作用，应该加以提倡。

二、萱草对光照、温度的需求

萱草喜欢在充足的阳光下生长，尽管它们在部分遮阴下也能很好地生长。在气候温暖的地区，一天至少要有4~6个小时的阳光直射。萱草通常能在完全遮阴下生存，但开花很少或根本不开花。直射光过少，萱草叶片细长、花葶高、花朵倾向于向太阳倾斜。气候越冷太阳光照就越弱，植物就需要更多的阳光。在非常寒冷的气候条件下，萱草要种植在白天大部分时间都能照到太阳的地方（图6.2）。

正午至下午16：00之前，太阳光照最强，

图6.2 萱草种在阳光充足的地方

尤其是在炎热的晴天时，花朵颜色较深的品种，如红色、紫色和黑色，应适当遮阴，这些色彩丰富的深色花朵在烈日下常常会被晒伤。同时还要注意，萱草的花一般是面向太阳开放的，需注意种植位点的选择，以便游人观赏（图6.3）。

萱草适应性很强，大多数品种能在广阔的气候范围内表现良好，某些品种在极端气候区表现更为出色。例如，休眠型的萱草，在有轻微霜冻的地方，甚至在非常寒冷的气候下，也会表现得很出色。一些常绿品种不耐寒，可能无法在非常寒冷的地区生存，然而，现代常绿萱草品种中已经有一些种类，在很冷的地区也能安全越冬并健康生长。在非常炎热的气候条件下，常绿品种通常适应性更强。

尽管大多数萱草需要一定程度的低温才能生存或开花，但有些品种即使在无霜的地区也能正常开花。休眠型萱草的确需要一定程度的低温处理期才能正常生长和开花。通常常绿品种不需要低温期就能正常开花，但也有例外，这主要因品种而异。然而，今天的大多数品种不同程度上都包括休眠和常绿亲本的基因，并产生了不同程度的半常绿品种。

三、萱草管理

（一）灌溉

水在植物的生命中扮演着重要角色，新鲜萱草植物的含水量占整个植株重量的90%以上。土壤中的水溶解了土壤养分，植物通过根系吸收水分而把养分带到植物体内，保证植物正常的生命活动。

图6.3 注意种植位点的选择，以便游人观赏

图6.4 健壮生长的萱草

为保持萱草叶片健康美观，在整个生长季节都应保持土壤湿润，尤其是在萱草花莛、花蕾发育时期，但也需注意不能积水。充足的水分供应可以使萱草开花多、花大、花色鲜艳、植株健壮、分蘖多，有些萱草品种还能表现出再次开花的特性。

繁忙工作之余，人工给花园植物浇水本身就是一种放松和疗愈。当然，为了提高效率和灌溉质量，也可以安装灌溉系统。喷灌适合草坪和萱草种苗生产的灌溉，滴灌或微喷则更适合花园中的花卉、灌木的灌溉。不管用什么方法灌溉，要防止少量、频繁的灌溉，要一次灌透至土壤25～30cm深。下次灌溉之前，等表层土壤3～5cm干透，非必须时不要灌溉，让植物根系尽量吸收土壤深层的水分，使植物根系深扎、发达，这样可提高植物抗性。频繁、少量的浇水，一方面增加叶片湿润的时间，易引起病害；另一方面，长期土壤表层湿润，植物根系分布倾向于地表，根系容易受到高温、干旱的影响，不利于植物的生长。

因为土壤质地不同和天气的变化，应该灵活掌握和调整灌溉方案，以适应萱草不同生育期、不同土壤质地、不同气象条件的变化。

灌溉前先观察一下萱草生长状况和土壤湿度状况。如果3～5cm表土是干的，则说明需要浇水。一般来说，因为砂质土壤保持的水量少，需要更频繁的浇水，而黏土，可以保持的水分多一些，需要浇水的次数少一些。

萱草根系多分布于土壤15～20cm处，浇水深度在20～25cm最为适宜，最好不要超过30cm。黏质土渗水速度慢，每次浇到30cm的深度用水量大概是沙质土的2倍。

在开花季节或高温天，喷水会导致花瓣出现斑点或萎蔫。在夜间或清晨喷水也会导致花瓣上留下水渍斑点。因此要注意，做花展或在游客来参观之前，不要向花上喷水。但花季之后，天气炎热干燥，喷水可以有效防止红蜘蛛类昆虫的危害。

灌溉切忌浇水过度，浇水过度一方面会引起水资源的浪费和土壤养分从土壤中淋洗损失；另一方面，如果土壤排水不好，易造成土壤积水，从而导致根系缺氧，影响根系正常功能。

（二）施肥

像所有其他观赏植物一样，萱草也需要施用肥料，特别是土壤瘠薄和因多雨导致土壤养分流失的地区，更应该及时补充萱草所需要的各种养分。健壮生长的萱草，叶片浓绿，花色鲜艳（图6.4），而营养不良时，萱草生长则表现出相应的病态，例如，土壤缺氮时，萱草叶片发黄，严重时老叶尖端叶脉两侧先表现失绿（图6.5）。

施肥前采样测定分析土壤肥力状况，特别是要了解氮、磷、钾等营养元素的含量，在此基础上来决定施用肥料的类型及用量。

了解了土壤的营养水平，就可以按照萱草的需肥规律及施肥基本原理来制定施肥的方案，这样可大大提高肥料的效益。一般复合肥料都标明氮（N）-磷（P）-钾（K）的相对百分含量。如果选用复合肥则可以选10-10-10或12-12-12两种；如果选用缓释肥，最好选用含氮50%的肥料。其他肥料如硫酸铵、尿素和硝酸铵等属于速效肥料，施到土壤中后见效快，植物生长茂盛，但也容易流失，有时施用不当会烧伤萱草叶片。植物生长除了N、P、K外还需要微量元素，必要时也需要及时补充。

另外，当萱草处于休眠期时不要施肥，在近霜冻期也要避免施肥，以免对植物造成伤害。在春季和夏季适当多施几次复合肥料可促进植物的生长。沙质土壤需要少量多次施肥，而较黏重的土壤，能够更好地保持养分，施肥频率可相对减少。切记，施肥后要浇水冲洗，不要让干的肥料沾到植物的叶片上。对新栽种的萱草，在定苗前不应施用氮含量高的可溶性化肥。

早春施用含磷量高的肥料能促进花葶花蕾发育。夏季开花后，萱草进入短暂的恢复期，之后，植物开始为翌年的开花做准备，开始新一轮的生长期。恢复期是施肥的好时机，施肥促进萱草植株长大、增加分蘖、增加花葶花蕾数量。夏末或初秋施用低氮（3-12-12或4-8-12）肥料，防止徒长，提高抗性，以利于植物越冬。

萱草生长几年后，植株周边土壤养分相对少了很多，所以老的萱草丛要比新栽植萱草施肥要更多一点。覆盖未腐熟好的有机覆盖物时，也应该多施点氮肥，以满足有机质腐烂分解所需要的氮素。

总的说来，土壤中磷（P）和钾（K）含量高对促进萱草开花和提高抗性有好处，而氮（N）肥施用不宜过多，否则会导致植物徒长，减少花的数量。在寒冷地区，施氮肥过多可能导致萱草冻害加重。

如果土壤缺磷，最经济的磷肥是过磷酸钙。腐熟的有机肥是一种营养相对均衡的肥料，最好结合过磷酸钙肥料一并作为基肥施用。

图6.5 土壤缺氮时萱草叶片变黄

图6.6 叶片干枯的萱草 　　　　　　　　　　　　　　　图6.7 残花影响观赏

（三）有机覆盖

有机覆盖物是用废弃木材、园林修剪废弃物、秸秆等通过粉碎、腐解等过程制成的有机覆盖材料。有机覆盖物具有很好的保水、防杂草和改良土壤的效果。在选择覆盖物时，应该综合考虑美观、持久、施用方便、保水、成本低廉和市场供应等多个方面。粗质的树皮外观效果很好，但成本高，保水、防杂草、土壤改良效果差。如果不强调外观，木屑、碎草、秸秆等都是很好的覆盖材料。覆盖层需长期保持，才能发挥作用，因此必要时应每年补充，使覆盖厚度长期保持在6~9cm。

在冬季低温干旱地区，覆盖物可以减少由于冻融交替对萱草造成的危害，覆盖物也为抵御霜冻起保护作用。在北方湿润地区，积雪覆盖的作用和冬季有机覆盖的作用是类似的。

（四）花后清理

花季过后，许多萱草的老叶常变成棕黄色或叶片的上部变成黄褐色，为了不影响景观可以剪掉，但不建议剪掉所有健康的叶片，因为绿色叶片为萱草制造养分，以补充开花消耗的养分，使萱草快速恢复生长，度过炎热的夏季。有些萱草品种具有夏休眠特性，花后遇到夏季高温萱草会休眠，叶片干枯，到了秋季又长出鲜嫩的叶子（图6.6）。

萱草花开过后的残花留在植株上影响景观效果，特别是大花的、密花的品种尤为明显（图6.7）。萱草的花可以作为蔬菜或花酱的原料，甚至可以从中提取用做化妆品的精油、色素等。在不影响观赏的情况下，可以在下午或落日之前用手摘除。另外，残花也可以作为堆肥原料。

开过花的花莛会影响景观。一般情况下等花

莛干枯变褐后可从基部拔出来，也不会影响植株的生长（图6.8）。

在春天，清除植株下面周围的枯叶，受损或患病的叶子也应在生长季节移走。

在花期结束后剪掉所有的花莛，包括偶尔自然授粉产生的种子果荚，以减少果荚消耗养分（图6.9）。当然，对人工杂交后得到的果荚要保留。

萱草花期结束后，要保持良好的水分和养分状况，多雨的地区，及时喷施抗菌剂防止病害发生，萱草将很快长出茂盛的叶片，形成美丽的风景线。

（五）越冬管理

经过漫长、多代的常绿、休眠型萱草品种之间的杂交育种，现代萱草品种很少是真正意义上的常绿或"纯常绿"或"纯休眠"型品种。除了少数品种外，现今大多数萱草品种都能在非常广泛的极端气候条件下正常成长。在我国东北三省和更冷的地区，虽然常绿品种也可以生长良好，但是在这些地区一般推荐种植半常绿、休眠型萱草。在热带地区，一些非常耐寒的休眠型品种，如*H.* 'Stella de Oro'，在园林景观中常作为一年生植物用，但绝大多数的休眠型萱草在这些温暖的气候下也能生长良好。

在寒冷的气候条件下，应该在冬天到来之前将萱草覆盖起来。虽然不是绝对必要，但覆盖将提高萱草的存活率，特别是对新栽的萱草作用更加明显。在第一次严霜后覆上有机覆盖物，保持土壤低温，防止冻融循环。春天到来，最后一场霜冻过去后，再把厚厚的覆盖物移走。清除覆盖物的同时也清除了蜗牛、蛞蝓和其他害虫滋生的环境。这些害虫能影响或抑制萱草新生叶的生长。同时也清除了老叶和受冻的常绿萱草的叶片。气候变暖后，再覆上薄层的覆盖物，以保持水分和降低土壤温度。

图6.8 花莛干枯，影响观赏

图6.9 果荚生长消耗养分

第七章

萱草虫害防治

Chapter 7 Pest Control of *Hemerocallis*

相对来说，萱草基本没有严重的昆虫危害，这也是萱草能成为世界三大多年生花卉的原因之一。但这并不等于萱草没有虫害，有几种昆虫，在某些情况下对萱草可以产生较大的危害。多数情况下，精心管理的萱草圃园，及时清理杂草、保持通风、管理好水肥，虫害不会对萱草生长有太大影响。如果虫害严重，则需要进行防治。萱草常见害虫有蚜虫、蓟马、红蜘蛛、蜗牛和蛞蝓等。

一、蚜虫及其防治

当有蚜虫发生时，植物上可见蚜虫脱皮留下的白色斑点，蚜虫还会分泌黏性物质——"蜜露"，引诱蚂蚁，引起霉菌滋生，导致叶子枯萎、卷曲、叶黄甚至植物生长迟缓。

（一）蚜虫的生物学特性和危害特征

蚜虫种类很多，其中金针榴蚜（*Myzus hemerocallis*）主要危害萱草。蚜虫呈浅绿色，常成群地在萱草茎、叶上取食，将刺吸式口器插入植物组织，吸取汁液。大多数种类的蚜虫有相似的生命周期。蚜虫雌性一年中的大部分时间都是无性繁殖后代，而不需要交配。蚜虫种群通常在冷凉的春季和秋季最为丰富，这期间蚜虫数量会迅速增加。春季和秋季，在蚜虫密集拥挤的环境下，或当寄主植物的营养质量下降时，蚜虫会产生有翅的成虫，随风可飞行几千米。到晚秋，蚜虫交配产卵在萱草残存叶片或杂草中越冬。有些种类的蚜虫成虫可在农作物、杂草或树木上越冬。根据物种和气候的不同，蚜虫每年可有两代或十几代。一般来说，健康的萱草不需要太多的护理，就能适应各种气候和土壤条件。但因为蚜虫繁殖很快，数量会激增，如果发现要及早处理，否则会对萱草产生较大影响。防止蚜虫危害的关键是定期检查萱草上是否有蚜虫危害的迹象。在萱草旺盛生长期，至少每周检查2次。出现蚜虫留下的白色蜕皮，叶片基部或嫩茎有黏

图7.1 印度修尾蚜

性物质以及蚂蚁、黑色霉菌等都表明有蚜虫危害。危害萱草的蚜虫除了萱草蚜虫外，还有一种危害萱草的蚜虫——印度修尾蚜（*Indomegoura indica*），活体金黄色，有白色蜡粉，比萱草蚜虫体型稍大，体长3.9mm，宽1.6mm。常局部发生在萱草花序上，容易识别（图7.1）。

（二）蚜虫的防治

萱草叶片鲜嫩，容易滋生蚜虫。因此在管理中防止施用过量的氮肥，并控制好浇水。水分、氮肥过多，萱草徒长，群体通风差，叶片鲜嫩，蚜虫更容易生长繁殖。

有些杂草如苦菜和芥菜等容易滋生蚜虫，及时清除萱草苗圃或花园中的杂草、枯枝落叶，减少蚜虫滋生隐藏媒介，可大大减少蚜虫的发生和危害。保持适当的萱草株距、行距，增加通风，降低萱草群体湿度，对控制蚜虫数量有很好的作用。

家庭花园中，用水管强力喷水，把蚜虫从植物上冲洗掉，效果很好。喷水也有助于洗掉"蜜露"、霉菌及蚂蚁。蚜虫个体弱小，暴雨也可对其产生很大冲击。

利用蚜虫的趋黄性，可采用黄色粘虫板对其进行诱杀。在蚜虫发生初期，将黄色粘虫板置于冠层附近，在稍高出植株的位置进行诱杀。黄色粘虫板的诱杀情况可以提供蚜虫入侵的早

期预警。

在花园或苗圃周边，种植蚜虫喜欢的植物，例如芥菜和旱金莲等，作为蚜虫诱捕植物，使蚜虫远离萱草，或在萱草附近种植一些具有驱虫功能的植物，如猫薄荷、大蒜和韭菜等可以起到一定的驱赶蚜虫的作用。

自然界中常见的蚜虫天敌有很多，包括瓢虫、草蛉、食蚜蝇幼虫和寄生蜂等（图7.2）。因为蚜虫的繁殖速度非常快，捕食昆虫要赶上蚜虫繁殖速度需要一段时间，所以在蚜虫出现之前引入蚜虫天敌，是控制蚜虫的关键。

提倡用有机方法控制蚜虫，使用低毒、无污染产品，尽量避免使用化学杀虫剂，保护天敌。有机控制蚜虫产品包括酒精喷雾剂（直接喷雾或稀释后施用）、低浓度肥皂乳液（可与酒精混合）等，这些有机溶液对控制蚜虫有很好的效果。

植物源杀虫剂如印楝素提取物对蚜虫有拒食、干扰产卵、干扰昆虫变态过程等作用，使蚜虫无法蜕变为成虫、驱避幼虫及抑制其生长，从而达到杀虫目的。

多数情况下，蚜虫对萱草植物的损害很小，甚至没有损害。如果蚜虫数量猛增，难以用管理、栽培、生物等措施进行控制，要考虑使用化学杀虫剂来控制。尽量选用高效、低毒、无污染及对其他有益昆虫无影响的产品。

图7.2 蚜虫天敌瓢虫捕食蚜虫

图7.3 蓟马危害叶　　　　　　　　　　图7.4 蓟马危害花蕾

（三）常用杀虫剂

常见控制蚜虫的杀虫剂有甲胺磷、氯菊酯、联苯菊酯、高效氯氟菊酯、氯氟菊酯和马拉硫磷，这些杀虫剂有触杀作用和胃毒作用，无内吸活性和熏蒸作用，广谱杀虫。

内吸型杀虫剂有吡虫啉和呋虫胺，可施于土壤中，通过萱草根系输送到蚜虫取食的植物叶片、茎和花上。蚜虫吸食植物体内含有杀虫剂的汁液后死亡。

蚜虫对化学杀虫剂有耐药性，因此，施用时需要交替施用。

施用杀虫剂前做好防护，要详细阅读杀虫剂使用说明书，了解产品特性及其施用方法和注意事项，并避免儿童接触。

二、蓟马及其防治

（一）蓟马的生物学特性及危害特征

蓟马属于昆虫纲缨翅目。幼虫呈白色、黄色或橘色，成虫则呈黑色、褐色或黄色，成虫有的有翅膀，体微小，体长0.5～2mm，很少超过7mm。萱草品种对蓟马危害的敏感性各不相

图7.5 蓟马危害花

图7.6 蓟马危害花蕊

同。在天气干燥和氮肥施用过多的情况下，蓟马问题往往会加重。保持植物充足的水分供应和保护蓟马天敌可以限制蓟马的数量。

由于蓟马体型非常小，怕强光，白天隐藏在叶子基部、背面和花朵内，难以被发现，阴天、早晨、傍晚和夜间在寄主表面活动，加之繁殖速度快，往往一旦发现就已经对萱草生长产生了不良影响。

蓟马成虫和蛹在土壤中越冬。在春天，雌虫将卵产入萱草叶或茎的组织中。每个成虫可以产卵40~250枚，卵孵化成无翅幼虫（若虫）后以萱草汁液为食，然后经过更多的若虫阶段才成为成虫。每年可能有12~15代，在温暖的天气下，从卵到成虫的整个周期通常为10~15天。

蓟马一年四季均有发生。春、夏、秋三季主要发生在露地，3～5月是高峰期，而秋季或冬季主要在温室中发生，一般11～12月是高峰期。蓟马喜欢温暖、干旱的天气，其适温为23~28℃，适宜空气湿度为40%~70%，湿度过大不能存活，当湿度达到100%，温度达31℃时，若虫全部死亡。在雨季，如遇连阴多雨，叶腋间积水，能导致若虫死亡。大雨或浇水后

土壤板结，使若虫不能入土化蛹，蛹也不能孵化成虫。

蓟马是常见的萱草害虫，主要通过吸食植物的汁液，或锉吸植物的花、叶片表皮，给萱草造成危害。蓟马损伤表现为叶面呈棕色点状，当损伤较严重时，叶片可能呈现银色或纸质状。花芽受损伤会出现条纹痕迹、扭曲和花芽脱落。蓟马损伤花蕾，导致花蕾萎缩、脱落。花朵受损伤会有白斑、条痕、颜色消褪、变形等症状，大大降低萱草花的观赏性（图7.3至图7.6）。

（二）蓟马的防治

蓟马治理的第一步是预防。保持场地清洁，拔除杂草后及时清理，冬季或早春清除萱草落叶，均可减少蓟马隐藏和繁殖空间，有效防止蓟马滋生；加强水肥管理，使萱草生长健壮，提高抗虫能力；注意保护小花蝽、猎蝽、捕食螨、寄生蜂等蓟马天敌。

经常检查萱草叶片、花等器官，特别是在早上或傍晚，查看花蕊花心部位有没有细小移动的黑点。在非花期，及时检查嫩叶反面有没有白色斑块或条带，如果有很可能是蓟马危害症状，一

旦发现，要立即采取措施。

在萱草冠层设置蓝色粘虫板，监测蓟马危害。蓟马飞行与弹跳距离不远，因此粘虫板应尽量靠近叶片，便于捕捉。

如果蓟马发生量大已无法控制，必须及时喷洒杀虫剂。使用除虫菊酯喷雾剂或其他类型的油性喷雾剂。油脂可以防止淋洗药剂，并有抑制蓟马的效果。

蓟马危害主要以成虫和若虫为主，但是不能忽略卵和蛹的生育周期。蓟马卵在叶肉（嫩叶）组织内，蛹主要在土壤表层，平时打药主要是针对蓟马的若虫和成虫，对卵和蛹并没有影响，未受影响的卵会孵化出若虫，蛹会羽化为成虫。因此，防治药剂选择杀虫兼杀卵的药剂，或者复配加入杀死蓟马虫卵的产品。

（三）控制蓟马的杀虫剂

氟氯菊酯，也叫联苯菊酯、虫螨灵等，是除虫菊酯类杀虫、杀螨剂，具有击倒作用强、广谱、高效、快速、长效等特点，以触杀作用和胃毒作用为主，无内吸作用，既能杀虫又能杀螨，有效期3个月，还可以同时杀萱草红蜘蛛。

氟氯氰菊酯，又名百树得、百树菊酯、百治菊酯，具有触杀和胃毒作用，药效迅速，见光不易分解，有效期长。控制萱草的蓟马、红蜘蛛、蚜虫等多种害虫，效果良好，残效期长达1个月。其升级产品是高效氟氯氰菊酯。

施药时喷洒均匀，喷雾要全面覆盖，包括所有植物叶片的正反面，叶子基部，花内外，以叶子喷湿但不滴水为宜。

因为蓟马会对杀虫剂产生抗药性，为了达到良好的除虫效果，有必要调换施用杀虫剂。一般情况下施用第一种杀虫剂后3~4周再换一种杀虫剂。

上述两种杀虫剂对鱼、传粉昆虫和其他有益昆虫有毒，喷洒时要选择无风的天气，避免药剂随风飘移，同时还应远离水体喷洒。如果温度超过30℃，应选择在清晨或傍晚温度较低时喷洒。

除了上述两种外，还有许多杀虫剂可以选择，如乙基多杀菌素（艾绿士）、阿维菌素、联苯菊酯、多杀菌素、吡虫啉、溴氰虫酰胺、啶虫脒和甲维盐等。在施用时重点喷洒花、嫩叶等幼嫩组织，每隔5~7天喷施1次，连喷3次可获得良好防治效果。由于蓟马对多种药剂产生抗药性，常用一种杀虫剂防控效果差，建议复配或交替使用。

蓟马防治复配方案：

①乙基多杀菌素2000倍+甲维·吡丙醚1000~1500倍；

②30%吡丙醚·虫螨腈2500倍+2.5%溴氰菊酯2000倍；

③氯氟·噻虫胺2000倍+吡虫·吡丙醚1000倍；

④15%唑虫酰胺1500倍+5%甲维盐3000倍；

⑤阿维菌素、联苯菊酯、啶虫脒、吡虫啉、噻虫嗪都有防治效果，但是使用前两种的药剂中的一种加上后面三种药剂中的一种，再加上有机硅助剂效果更好。

呋虫胺是一种内吸型杀虫剂，主要用做土壤处理防治蓟马，有效期可达1年。也可用于容器栽培的地面处理。这种水溶性内吸型杀虫剂被萱草吸收后，在植物的维管系统中移动，蓟马吸食后死亡。这类杀虫剂的好处是不会产生喷溅，不会伤及益虫或宠物。但由于这种产品是水溶性的，容易污染水体，特别是在易发生径流的砂质土壤或地下水位高的地方，施用时要特别小心。这种杀虫剂多为颗粒剂，直接撒到萱草植株周边土壤表面，使药剂颗粒与土壤密切接触。施用时要求土壤湿润但不饱和，而后喷水溶解颗粒中的药剂。注意不要在水分饱和、冻干的土壤或休眠的植物上使用呋虫胺颗粒，同时避免在河流、池塘或湖泊等水域附近使用。

蓟马有怕光的特点，一般是临近傍晚、夜间、早上或阴天危害植株。白天藏在叶背面、新叶底部或躲到土壤缝隙中。因此，傍晚对植株进行喷药，在蓟马取食时杀死蓟马，效果最好。同时，喷施土壤表面，将潜伏在土壤中的蓟马杀死。另外，采用围堵式打药，由外往里转圈打药，效果更佳。

药剂施用时要做好个人防护，药剂远离儿童接触，远离水源和地下水。

三、红蜘蛛及其防治

（一）红蜘蛛的生物学特性和危害特征

红蜘蛛是萱草最常见的害虫之一，危害萱草的红蜘蛛主要是二斑叶螨（*Tetranychus urticae*）。二斑叶螨在温度较高时呈铁锈绿、棕色或黄色，越冬的雌性是红色或橙色。卵从透明、无色到不透明的淡黄色不等。第一阶段的幼虫呈淡绿色或黄色，若虫与成虫相似，但体型较小。二斑叶螨用尖细口器刺穿宿主植物叶片表皮，吸取汁液，造成叶子小孔处叶肉组织的坍塌，很快在每个取食点都会出现褪绿斑。一些红蜘蛛会在叶子上织出一张网来保护它们的卵和幼虫。在大量繁殖后，随着个别斑点的结合，整株植物可能会变成黄色或青铜色。严重受损的植物叶片会掉落、枯萎甚至死亡（图7.7）。红蜘蛛织的网可以覆盖叶表面，堆积粪便和其他碎片。

二斑叶螨将卵产在叶子的背面，从卵中孵化出六条腿的幼虫，经过两个若虫阶段发育成八条腿的若虫。在幼虫和若虫阶段之后，都有一个休眠期。在最后一个休眠期结束后，成虫很快进行交配，天气温暖时雌虫会很快产卵。每只雌虫一生可产下100多个卵，每天最多可产下19个。正常情况下二斑叶螨成虫在土壤或背风、有覆盖的地方越冬，春天又重新出现。

（二）预警监测

做好监测是防治红蜘蛛的关键。红蜘蛛虫体微小，繁殖力强，而且多发生在叶片背面，少量的难以及时发现，一旦发现往往已经成灾。所以早发现、及早采取措施非常重要。红蜘蛛一般每年有2个高峰期，分别是4～6月和8～10月，可以在病害高峰期来临之前预防，起到事半功倍的效果，比如在4月初和8月初进行重点监控和防治。

观察叶子背面有没有结网、产卵、蜕皮和幼螨。有效的监测方法是在纸盘或其他白色表面拍打植物叶片。幼螨会移动，很容易与灰尘、碎屑区分开来。

图7.7 二斑叶螨危害叶片

（三）防治方法

做好冬季清园工作，减少虫源，便于喷洒农药。喷洒石硫合剂进行冬春消毒处理，起到螨、病兼顾防治的作用。此外，二斑叶螨以许多杂草和野生植物如黑莓和紫罗兰为食，清除这类植物可减少红蜘蛛的发生。

在炎热、多尘或干旱易发生红蜘蛛的地区，尽量选择抗红蜘蛛的萱草品种。

合理施用化肥，搭配好氮、磷、钾比例，使植株生长健壮。避免偏施氮肥，过量施氮易诱发红蜘蛛暴发。发现受害叶片应及时摘除以控制蔓延。

保持植物充足的水分以防止干旱胁迫，干旱炎热期间可经常向叶子，特别是在叶片背面喷水，在不损害植物的情况下，尽可能加大喷水压力，以清除和阻止幼螨危害。

红蜘蛛有很多捕食者，包括捕食螨、微小海盗虫、草蛉幼虫、瓢虫等。捕食螨一生能捕食300~500只红蜘蛛，同时也吸食害螨虫卵，可有效地控制红蜘蛛的危害。

提前预防性释放天敌可有效控制红蜘蛛的暴发。杀虫剂杀死天敌往往是导致红蜘蛛暴发的原因。喷洒吡虫啉和其他新烟碱类药物也可导致红蜘蛛暴发。

在许多情况下，用杀虫剂、肥皂乳液等可以控制螨的数量。红蜘蛛通常长在叶子的背面，喷药时必须喷到叶片背面。在炎热的天气下，建议在7~10天后重喷，以杀死在第一次喷药期间处于卵期和休眠期的幼螨。单独对发生红蜘蛛的植株喷施农药，确保消灭虫源的同时阻断与其他植株间的传播。

因为红蜘蛛不是昆虫，大多数针对昆虫的杀虫剂不能控制红蜘蛛。控制红蜘蛛的专用药剂有丁氟螨酯、联苯肼酯、乙螨唑、噻螨酮、螺螨酯、阿维菌素、克螨特等，为防止红蜘蛛产生耐药性，建议交替使用。

红蜘蛛药物基本上都没有内吸传导性，药物不直接碰触到虫体虫卵就不会有效果，而红蜘蛛发生最多的地方是叶片背面叶梗处，比较难喷到，因此喷雾必须细致耐心，保证药液全部浸润，否则会劳而无功。

四、潜叶蝇及其防治

（一）潜叶蝇生物学特性及其危害特征

潜叶蝇是一种成虫体型2~3mm，带有三角形翅的黑蝇。如果细心观察可以看到成虫在萱草花、叶上飞来飞去，或者在花苞上停留。由于气候不同，潜叶蝇一年可能会繁殖一到几代。雌潜叶蝇成虫将卵产入叶片尖部，然后孵化为幼虫。幼虫可长至2mm，有舐吸式口器的幼虫钻入叶片组织中啃食组织，向叶子下部移动，形成大致平行于叶脉的白色蜿蜒条斑，使叶片逐渐枯黄，危害严重时被害叶片干枯。幼虫在叶片内化蛹，蛹小呈棕色米粒状，在叶表面以下，靠近叶基部，在枯叶中越冬。

潜叶蝇成虫在植物叶片上部，幼虫及卵在植物叶片内，蛹在土表或枯叶中。由于其繁殖力强、速度快，世代重叠严重，同一时期卵、幼虫、成虫、蛹常同时存在，给防治带来困难。

（二）管理与预报

在季末清理和处理所有的杂草、枯叶，消灭越冬、越夏虫源，降低虫口基数，有助于减少蛹越冬以及叶面疾病的传播。

春季定期观察、检查萱草害虫危害，及时发现及时处理。如发现有潜叶蝇成虫或叶片有虫害危害痕迹，迅速清理和处置受虫害的叶片，可减少潜叶蝇的蔓延。

（三）防治

通过物理防治、生物防治和化学防治均可达到防治潜叶蝇的目的。使用黄色粘虫板或诱光灯诱杀，不仅能杀死潜叶蝇成虫，还起到虫害的预测预报工作。释放姬小蜂、反颚茧蜂、潜叶蜂等天敌寄生蜂也可减少或控制潜叶蝇的危害。

有效控制潜叶蝇的最佳时期是其幼虫生命周期的早期。施用内吸型杀虫剂可有效控制潜叶蝇。内吸型杀虫剂有吡虫啉、乙酰甲胺磷和多杀菌素喷剂。多杀菌素是一种较安全的天然杀虫剂，与吡虫啉和乙酰甲胺磷一样，会穿透叶面杀死叶子内的幼虫。

防治潜叶蝇成虫是全面控制潜叶蝇的重要环节。在成虫盛发期及时喷触杀剂和熏蒸剂控制效果更好。主要药剂有氧化乐果、杀灭菊酯、氯氰菊酯、溴氰菊酯、二氯苯酯菊酯、敌敌畏、亚胺硫磷等，还有生物农药苏云金杆菌、阿维菌素、除虫菊酯等。潜叶蝇成虫主要在叶背面产卵，为了杀死已产的卵以及防止成虫产卵，应喷药于叶背面。

植物类杀虫剂如印楝油，能影响干扰潜叶蝇的自然生命周期，减少成虫和幼虫的数量，进而减少成虫产卵的数量。施用时要从叶子顶部到底部均匀、全面喷洒整个植株。

五、蛞蝓、蜗牛及其防治

（一）蛞蝓、蜗牛生物学特性和危害特征

蛞蝓和蜗牛是软体动物，喜潮湿荫蔽环境。蛞蝓和蜗牛一般在夜间觅食，啃食叶片边缘，致使叶片参差不齐。在叶脉之间进食会导致叶子碎裂（图7.8）。通过蛞蝓爬行留下的发亮黏液痕迹可以验证有蛞蝓危害。蛞蝓有几种不同的类型，常见的蛞蝓呈灰色，身上有一些较深的斑纹，有些则呈淡黄色，有些几乎是黑色（图7.9）。

蛞蝓一年发生一代，主要以成虫或幼虫的形式在潮湿的土壤中越冬，当环境适宜时，尤其在降雨后的傍晚，从土壤中爬出，啃食萱草新生叶子。一般22：00~23：00为活动高峰期。南方每年4~6月和9~11月是活动危害高峰期，北方7~9月是活动危害高峰期。当蛞蝓和蜗牛不进食时，它们会躲在潮湿的地方。

（二）防治和管理措施

蜗牛、蛞蝓的防治首先要从日常场地清理或花园管理方面加强，减少蜗牛与蛞蝓的滋生，必要时通过人工捕杀、生石灰粉限制、诱饵捕杀等措施进行防治。

蛞蝓、蜗牛怕阳光和干燥，喜湿润环境。翻耕土壤、铲除杂草等措施使幼虫暴露见光，增加被天敌捕食的机会；降低土壤湿度和加强通风；清除鲜嫩杂草，减少食物来源；清理枯草、砖块、瓦片等，铲除它们的隐藏空间等都可以达到降低和控制蜗牛、蛞蝓的目的。

在蛞蝓、蜗牛发生期的清晨或阴天，在新受害的叶片上（一般可见到新鲜的粪便），循迹查找，在受害植株叶背或根际附近的土壤缝隙中，或是在靠近地面的叶背上，均可找到蛞蝓、蜗牛，进行人工清除捕杀。

生石灰有很强的腐蚀性，一旦蛞蝓、蜗牛接触生石灰，可将其身体表皮腐蚀，大量体液渗出，导致死亡，可在雨后或傍晚，在作物田块周围撒施生石灰进行驱避。

如果蜗牛、蛞蝓数量较多，可以考虑施用化学制剂杀虫。最常见的控制蜗牛和蛞蝓的杀虫剂是四聚乙醛，将其做成诱饵，在虫害活跃期的傍晚，向萱草地里撒施含四聚乙醛的诱饵颗粒剂，效果明显。

图7.8 蜗牛危害

图7.9 蛞蝓

第八章

萱草病害防治

Chapter 8 Disease Control of *Hemerocallis*

萱草是抗病性很强的多年生草本花卉，但由于气候、土壤、品种及管理方式的不同，萱草会发生多种病害。在温暖多雨地区，锈病、叶枯病是危害萱草叶片的常见病害，在少雨的干旱地区，萱草则很少有病害发生。偶尔在高温高湿季节，在土壤黏重、排水不畅的情况下，萱草会有软腐病、冠腐病、茎腐病等病害发生。不同萱草品种对病害的抗性相差很大，因此，选择抗性萱草品种非常重要。

图8.1 萱草锈病

一、萱草锈病及其防治

萱草锈病是由一种特殊的真菌——萱草柄锈菌（*Puccinia hemerocallidis*）引起的。萱草锈病是通过孢子传播的，孢子正常生长需要有适当的温度和湿度。萱草锈病孢子萌发生长需要高温和高湿的环境，不良的通风条件有助于真菌孢子生长。一般情况下温度15～30℃、湿度为100%条件下，最有利于孢子萌发和快速生长。温度适当，湿度大（降雨、喷水）的条件下，孢子可以在几个小时内萌发。据研究，在22℃条件下，叶片持续湿润5～6小时即可发生萱草锈病。萱草锈病孢子在正常条件下至少可以存活1个月。

锈病是最常见的萱草病害。萱草锈病通常是发生在萱草的叶片上，有时也会蔓延至花葶（图8.1）。萱草锈病一般会首先发生在叶片表面的上部，如果不及时处理，锈迹会继续扩大，甚至扩散至整个叶片。开始时萱草锈病是在叶面上出现一些小斑点，有明显的黄色，很容易发现。如果不加以控制，这些小斑点逐渐扩大，进一步发展到隆起的圆形斑点，颜色从一开始的黄色发展到淡橙色，严重时，萱草叶子上会长出像铁锈一样的棕色粉末（锈病真菌孢子粉）。用手摸棕黄色的孢子粉可沾到手上。这些孢子粉可通过风、管理人员的衣服和工具传播到其他未受害的植株上。

萱草锈病最初只是影响萱草植株的外观，使叶片呈铁锈般的黄色，但随着病害发展，叶片开始出现损伤，由斑点发展成条带状，最终整个叶片破损甚至枯死。

萱草锈病的整个周期并不都发生在萱草上，其孢子要通过宿主才能完成整个生命周期。萱草锈病的宿主是败酱，败酱（*Patrinia scabiosifolia*）是一种多年生草本，忍冬科败酱属植物。萱草锈病在萱草上发病之前需要经历几个阶段。有时需要在中间宿主上经过一段时间，然后再传播到萱草植株上。在没有败酱的地方，萱草锈病孢子可以宿存在枯死的萱草叶片上越冬，翌年春季再传播到萱草的叶片上。

萱草柄锈菌会产生两种孢子，一种是夏孢子，另一种是冬孢子或休眠孢子（图8.2）。夏孢子直接感染萱草植株，冬孢子（休眠孢子）通过宿主败酱越冬，再传播到萱草上，使锈病持续发生。萱草锈病的夏孢子仅感染萱草而不会传给败酱。

孢子通过菌丝吸取植物叶片的营养，大量繁殖的孢子会布满整个叶片。风、水滴等把孢子从一片叶子带到另一片叶子，最终感染整个植株。

萱草锈病只感染萱草的叶片和花莛，并主要感染老的叶片，不感染萱草的根和茎，所以，萱草锈病发生时可第一时间把染病的老叶片剪掉，防止病害进一步扩散。如果多数叶片都已发病，直接剪掉地上部叶片。剪下的叶片应作焚烧、深埋或消毒处理，修剪工具也要清洗并用稀释的漂白剂消毒，以免再次感染其他植株。此后要及时跟踪观察萱草生长状况，一旦发现病害复发，果断采取措施，避免大面积锈病发生。

细心养护使萱草生长健壮可提高萱草抗病性。为了预防和控制萱草锈病的发生，必要时要选择施用杀菌剂。杀菌剂可分为内吸型杀菌剂与触杀型（保护型）杀菌剂。内吸型杀菌剂常用来控制和治疗锈病，触杀型杀菌剂常用来防止病菌侵染。

及时观察萱草的长势及萱草锈病各种迹象，预防和控制萱草锈病并不难。一旦发现萱草锈病的早期迹象，立即把生病的叶片从基部修剪掉可以有效控制萱草锈病的蔓延，但要注意不要修剪过多，以免植株失去制造养分的绿色叶片，影响植株生长。修剪下来的生病叶片和外部老叶要装袋移走，进行焚烧或深埋，防止再次感染。也可放置在密封的黑色塑料袋内，烈日照射几个小时，利用高温杀死病菌。待萱草长出新叶后，在整个植株的叶子两面交替喷洒硫基杀菌剂（如代森锰锌）和铜基杀菌剂。两类杀菌剂交替施用可以有效防止锈病真菌出现耐药性。喷药后24小时内如遇雨或喷灌浇水，会把喷到叶片上的杀菌剂洗掉使药效降低，需要重喷。喷洒的杀菌剂在萱草叶片上形成一层保护膜，可以有效防止锈病的孢子进入叶片内。杀菌剂一般要坚持每隔7～14天施用一次，连续喷洒2～3次。

触杀型杀菌剂不能渗透到植株体内，内吸型杀菌剂能被植物叶片吸收到体内，在植物体内控制真菌的感染而保护萱草不受侵害。内吸型杀菌剂与触杀型杀菌剂在一起施用效果更好。有时在杀菌剂中可能需要加一些润湿剂，使杀菌剂能更好地接触植物叶片，提高药效。另外灌溉时尽量不要晚上进行，晚上水分蒸发慢，灌溉水在萱草叶面湿润时间长，锈病孢子容易萌发和生长。

气温在0℃以下可以杀死锈病孢子，这意味着我国北方寒冷冬季可以杀死越冬的冬季孢子，但在温室内的孢子仍可以越冬。

夜间凉爽的春天或秋天，如遇空气湿度高，若不及时处理发病的植株，锈病会猖獗。此时要每隔14～21天喷施一次杀菌剂。建议制订定期除锈病防治方案。

对于抗病差的品种，不管怎么防治，每年都有锈病发生，此时要考虑把整株植物都移走，更换其他抗锈病品种。

当采购萱草种苗时，无论是通过何种途径，都应该检查是否携带锈病。有时刚染病时不

图8.2 萱草锈病孢子

图8.3 萱草叶枯病

一定能检查出来，作为预防措施，建议将新种植的萱草与原有萱草隔离几个月或一个生长季，如有问题，及时处理，以减少锈病的传播。

　　常用的锈病杀菌剂有代森锰锌、百菌清、嘧菌酯和三唑酮。前两种是触杀型预防性杀菌剂，在发病前喷洒，起保护预防作用。后两种是内吸型杀菌剂，具有预防、铲除功能，在发病前或发病后均可施用。

二、萱草叶枯病及其防治

　　萱草叶枯病是由叶枯病菌（*Kabatiella microsticta*）引起的。这种真菌在萱草枯叶中越冬，到了春天产生孢子，感染新长出的萱草叶片，引发叶枯病。温暖潮湿的环境利于叶枯病孢子萌发与生长，气温高于32℃时，叶枯病病菌会受到抑制。

　　叶枯病是湿热气候区萱草的一种常见疾病，叶枯病通常影响萱草外观，最初症状通常从叶尖开始，并沿叶片中脉向下和向外扩散，染病叶片产生褐色条纹或斑点，随着病害发展，叶片可完全枯死（图8.3）。

　　为了防止萱草叶枯病的发生，每年秋天应

111

及时清除萱草枯叶，以消除叶枯病菌的来源。收集的枯叶放在密封黑塑料袋内，可通过烈日暴晒高温灭菌、焚烧、深埋或高温堆肥处理。如果萱草植株密集，通风差，病害发生概率会增加，此时需要进行分株或重新移栽，使萱草丛之间留有足够空间，以便通风透光，使萱草叶片干燥，降低叶枯病的发生概率。

当叶子出现叶枯病时，应及时清除染病的叶片，并适当地施肥和浇水，以促进新叶生长。萱草叶枯病主要通过水的飞溅进行孢子传播，株距适当和尽量减少喷灌浇水可以减缓病害的传播。尽量不采用喷灌方式浇水，这是因为喷出的水滴会把病菌孢子溅到其他叶片上，引起病菌的传播。另外，喷淋使叶片长时间处于湿润状态，有利于萱草叶枯病孢子的萌发，使病害加重。采用漫灌或滴灌浇水，直接将水注入土壤，不打湿叶片，可降低病害发生概率。此外，这种病原体也可以通过工人和工具传播，在萱草叶片湿润时，要尽量避免在萱草地中工作，以减少管理人员或工具造成的病菌传播。另外，叶片机械损伤如剪刀口、害虫（如蓟马等）损伤也可为病菌传播提供条件。

不同萱草品种对叶枯病的敏感性有很大不同，即使抗病的品种，在不同年份不同环境条件下的表现也有所不同。因此，种植萱草前要咨询相关专家或查阅有关资料，尽量选择抗性好的品种。

图8.4 萱草软腐病

如果由于天气或萱草品种抗性原因，每年都有严重的叶枯病发生，应考虑施用杀菌剂，如甲基硫菌灵（甲基托布津）、代森锰锌、百菌清、腈菌唑、腈嘧菌酯等进行防治。前三种药剂为预防性触杀型杀菌剂，而后两种则是内吸型治疗型杀菌剂。

当有持续潮湿的天气，在出现症状之前就要开始施用杀菌剂，每7～14天喷药一次，连续喷2～3次基本可以防止叶枯病的发生。每次喷药尽量不要使用含有同一类有效成分的杀菌剂，最好两种不同类型的杀菌剂交替使用，以最大限度地减少叶枯病菌的耐药性。选择和施用杀菌剂之前务必阅读并遵守使用说明，以确保安全有效地施用。

三、萱草软腐病及其防治

软腐病是由土壤中的细菌（*Erwinia carotovora*）引起的。萱草本身对软腐病有天然的抗性，但对某些萱草品种来说，在受到胁迫（天气炎热、土壤板结、湿度过大、积水、氮肥过多）时也会发生。感染软腐病的萱草第一个症状是单株叶子发黄，如果不加以治疗，整丛萱草叶子都会发黄，如果发展到茎基感染，植株就会死亡（图8.4）。因此，一旦发现叶子发黄的植株应立即移出，把土壤清洗干净，除去腐烂受损的部分，用消毒剂浸泡1个小时，栽到花盆内，放在阴凉处，等萱草恢复生长后即可重新栽到花园中。发病植株的周边土壤也要进行消毒处理或全部移走深埋才能有效地防止软腐病再次发生。

第九章

萱草杂草防治

Chapter 9 Weed Control of *Hemerocallis*

杂草不仅影响美观，还与萱草竞争光照、营养、水分及空间，最终影响萱草的正常生长，甚至增加萱草发生病虫害的概率。

杂草管理的主要目标是控制杂草发生，减少杂草防除时间、人力和费用。人工锄草、手工拔草虽然单调无味，辛苦劳累，但对环境友好，安全性高，应该是首选。其次是考虑地面覆盖，阻止杂草见光发芽和生长，特别是用有机覆盖物覆盖综合效益更好，必要时也可以用地布、黑色地膜覆盖。如果大面积种苗生产和园林绿地管理，为了提高效率，可以考虑施用化学除草剂除草。

一、常见杂草

杂草防治是萱草栽培管理中一项艰巨的任务，特别是要清除土壤中多年生植物的根茎。常见的多年生植物有白茅、芦苇、芒草、勾叶结缕草、水花生、铜钱草、田旋花等（图9.1至图9.7）。清除多年生杂草最好的办法是在种植萱草前，用内吸型非选择性除草剂，如草甘

图9.1 白茅

图9.2 芦苇

图9.3 芒草

图9.4 勾叶结缕草

图9.5 水花生

图9.6 铜钱草

图9.7 田旋花

滕，彻底清除，必要时可重复喷施2次以上。种植面积不大时，最简单的方法就是把多年生杂草的根茎彻底从土壤里清理掉，有时可能需要重复2～3次以上才能彻底清除这些杂草根茎。

二、人工除草

人工除草是萱草种苗生产或花园管理中重要的工作内容。人工除草最大的优点是安全性高，不会对环境产生污染。定期锄草或人工拔草可以有效控制萱草地中的杂草。锄草和手工拔草主要是清除杂草幼苗，对多年生或根茎类杂草则

难以控制，但可以通过每周一次铲除其地上部分来防除。还要注意防止这类杂草结籽，减少翌年的杂草问题。

三、覆盖除草

铺设地布、黑色地膜或覆盖物可以防止杂草见光从而达到控制杂草的目的。为了达到最好的效果，在铺地布或覆盖物之前，需要施用除草剂或人工除掉现有的杂草，特别是要清除根茎类多年生杂草。覆盖时要等萱草生长健壮后，再铺地布，在萱草苗和地布之间留一定的

空隙，避免萱草新生嫩芽生长不良，然后用石头压住地布固定位置（图9.8）。铺设6~9cm厚的有机覆盖物，如木屑、碎树皮、椰子糠等，同样可以防止杂草长出（图9.9）。铺设有机覆盖物时应注意和萱草苗保持一定距离，避免太近引起茎基腐烂。如果杂草从地布或覆盖物下钻出来，可进行人工拔除或在保护萱草植株的前提下喷化学除草剂进行控制。

四、化学除草

在面积大的种苗生产和商业化园林绿地管理情况下，为了提高效率和降低人工成本，可以考虑采用化学除草。化学除草对管理人员技术要求更高，要求管理人员了解各种杂草的生活习性，熟悉各种除草剂的特性、作用机理及对萱草的安全性，也要懂得除草剂施用中的技术问题。

在选择施用化学除草剂之前要特别注意两点，一是要认真、系统读完使用说明书，包括施用方法、注意事项等。不仅不能伤害萱草，还要避免伤害施用人员、动物及其他非目标植物。如果之前没用过该类产品，一定要先做少量、小面积的实地试验；二是注意化学除草剂的喷雾飘逸问题。当环境条件不适合，如有

图9.8 碎石、地布覆盖防杂草

图9.9 有机覆盖防杂草

风、天气炎热（气温高于30℃）、干旱时不要喷药。喷雾器的雾滴设置大一些，喷雾时尽量靠近目标植物，可以大大减少喷雾飘移。除草剂雾滴飘移到邻近其他植物，可能造成伤害。

根据研究，用于萱草杂草防除的除草剂有许多。按除草剂类型可分为芽前型、芽后型、选择性和非选择性除草剂等。可根据杂草的类型、气候条件及萱草不同生长阶段等因素选择相应的除草剂类型。

（一）芽前型除草剂

芽前型除草剂，顾名思义，是在杂草发芽前施用到土壤表面，即所谓的"封地面"，一般来说，这种除草剂对已经长出来的杂草作用不大。这类除草剂可阻止种子发芽、或抑制杂草种子根系形成和生长发育。如果施用这类除草剂后扰动土壤表面，如锄地等，除草效果会降低或完全消失。更不要在栽种萱草之前施用该类除草剂。这类除草剂的活性成分只有通过水才能激活，所以，喷药时土壤湿润，或喷药后下雨、灌溉才发挥作用。芽前除草剂阻止许多阔叶和禾草杂草种子发芽，但并不能控制所有杂草，芽前型除草剂混合施用可以扩大杂草控制范围。

啶嘧磺隆（Flazasulfuron），又称拔绿、秀百宫等，为芽前型除草剂。对萱草安全，也用于防除暖季型草坪（狗牙根类、结缕草类）中的阔叶草、莎草和禾本科杂草。与细土混合均匀，在土壤湿润时撒施，进行土壤封闭。建议在幼苗超过10cm，或移栽苗2周后施用。对莎草控制效果好，施药后5~7天地下球茎变褐，10~15天枯死，不能再生。

氨基丙氟灵（Prodiamine），又称氨基氟乐灵、氨氟乐灵，也是芽前型除草剂，能控制多种杂草。一般要求萱草幼苗长到高10cm后，新移栽苗2周后施用。

氟乐灵（Trifluralin），是常见芽前型除草剂，可控制多种一年生禾本科杂草和许多阔叶杂草。

二甲戊乐灵（Pendimethalin），又称施田补、二甲戊灵。有效防除一年生禾本科杂草，对某些一年生阔叶杂草芽前、芽后及移栽前均可使用。

精异丙甲草胺（S-metolachlor），称金都尔，芽前型除草剂，防治一年生禾本科及部分阔叶杂草，广泛用于农作物、蔬菜及观赏植物的芽前除草，具有较好的低温、高湿安全性，对碎米莎草及异型莎草都有防治效果。这种除草剂可以控制多数禾本科杂草和阔叶杂草，有效期30~60天。

氟硫草定（Dithiopyr）和异噁酰草胺（Isoxaben）有效性更持久，可达90~120天。氟硫草定既能控制禾草类杂草，也能防治阔叶杂草，而异噁酰草胺主要是防治阔叶杂草。两者都需要在土壤湿润时施用才有效，但含有氟硫草定的除草剂在21天内下雨或灌溉同样有效。

（二）芽后型除草剂

芽后型除草剂是控制出苗后的杂草。芽后型除草剂必须喷洒到杂草叶片上，被叶片吸收后才能发挥作用，喷洒到地面上不起作用，对萱草种子发芽和幼苗生长相对安全。

多数喷洒到叶片上的芽后型除草剂受降雨和灌溉冲洗后药效会降低，一般要求喷施芽后型除草剂后24小时内不能喷水灌溉，如遇雨需重喷。

杂草生长旺盛时对除草剂的吸收能力强，除草效果也更好。杂草成苗后，控制起来相对比较困难。杂草生长环境条件差或受到胁迫时，杂草防除效果也会低。加表面活性剂的除草剂喷雾会损伤萱草的花瓣，因此，应避免在萱草开花时使用这类除草剂。

常见的芽后型除草剂有高噁唑禾草灵

（Fenoxaprop-p）、吡氟禾草灵（Fluazifop-butyl）、烯草酮（Clethodim）和烯禾啶（Sethoxydim）。这些除草剂对萱草没有伤害，只对某些禾本科杂草有控制作用，所以又称禾本科杂草除草剂。

高噁唑禾草灵，又称骠马、威霸，用于控制芽后夏季一年生禾本科杂草。也是冷季型草坪草中防治马唐的常用药剂。

吡氟禾草灵，又称稳杀得，用于芽后一年生和多年生杂草防治。

烯草酮，是唯一一种控制一年生早熟禾的芽后型禾本科杂草除草剂，也是对多年生禾本科植物（包括百慕大草和高羊茅）有较好防治作用的除草剂之一。

烯禾啶，又称拿捕净、烯禾定、稀禾啶，是芽后型一年生和多年生禾本科杂草除草剂，对萱草安全。对控制所有的禾本科杂草效果却很好，对阔叶杂草无效。要注意，喷药后7天内不建议人工拔除喷过药的杂草，喷施烯禾啶后1天内不得喷施芽后型阔叶除草剂。

（三）其他特殊用途的除草剂

对于萱草管理中难以铲除的，且难以用芽前和芽后型除草剂控制的阔叶或多年生杂草，可以用非选择性除草剂或选择性除草剂进行局部涂抹或喷施处理来控制。特别注意的是，这类除草剂对萱草有毒害作用，注意不要喷到萱草植株上，在施用过程中可以用纸板、木板、塑料板等遮挡，并在无风的天气进行。如果不小心把除草剂喷到萱草叶片上应立即清洗或剪掉叶片。

草甘膦（Glyphosate），也称农达，是非选择性除草剂，对所有植物都有毒害作用。可通过涂抹、局部点喷等方式防治多年生杂草，也常用在萱草栽种之前，以清除所有杂草。草甘膦对土壤没有封闭作用，喷到土壤，很快就失效。施用草甘膦后10～14天杂草开始死亡。如果杂草再有发芽，则要继续采取同样的措施，直到完全控制为止。

苯达松（Bentazone）是选择性除草剂，主要控制阔叶杂草、黄莎草、一年生莎草，对禾本科杂草无效。其作用机理是阻止杂草进行光合作用。特别是对幼苗期杂草有效性强。对萱草有毒害作用，不能直接喷到萱草叶片上。

氯吡嘧磺隆（Halosulfuron-methyl）是高效的莎草和某些阔叶杂草芽后型除草剂，作用机理是抑制某些植物生存必需的酶活性。该除草剂可以和草甘膦混合施用，以扩大除草种类和提高有效性。这种除草剂在土壤中能残留2周时间，因此喷药后2周内不能播种萱草和其他观赏植物。另外，不能在萱草幼苗和新栽萱草附近施用，不要喷施在萱草叶片上，最好采用定点清除。

五、注意事项

萱草根系分布浅，用锄头除草时尽量浅层操作，避免伤到接近地表的根系。随着叶片生长，冠幅形成郁闭，杂草问题就会减轻。如果使用覆盖物，杂草种子萌发减少，蜗牛和蛞蝓问题可能增加。用稻草、松针、树叶或其他材料覆盖，可以很好地保持水分，也有助于减少杂草问题。阔叶树的叶子可以作为一种天然的覆盖材料替代其他覆盖物。

萱草地施用化学除草剂除草一定要小心，除非经过试验，否则尽量不使用。因为施用不当可能造成很大损失。

第四部分

萱草应用

PART IV Application of *Hemerocallis*

第十章

萱草景观应用

Chapter 10 Landscape Application of *Hemerocallis*

萱草是中国传统的观赏花卉，早在先秦时期，《诗经·卫风·伯兮》记载私家庭院"北堂"前就有萱草栽植。石榴和萱草常一起种植在妇人居住的后庭院处，取其寓意吉祥，多子多福之意。《眼儿媚·愁云淡淡雨潇潇》中"一丛萱草，数竿修竹"表现出了萱草和竹搭配的美景与情韵。萱草现代园艺品种抗性强，观赏性高，花型多样，花色丰富，管理粗放，经济实用，在公共绿地美化、家庭园艺和水土保持等方面极具应用潜力。

一、在古代庭院中的应用

"萱草虽微花，孤秀能自拔"，萱草花姿挺秀俊美，花开之际更是千姿百态，其园林种植应用在我国有着悠久的历史。萱草很少在室外单株出现，当它作为单一品种出现时多用来丛植，在古代庭院景观中多丛植于岩间石畔、幽径路旁。杜甫曾云"侵陵雪色还萱草，漏泄春光有柳条"，描绘了一幅萱草与柳枝互相映衬的春景画面。宋代石延年的《题萱花》诗中有"移萱树之背，丹霞间金色"的描述；明代诗人徐渭的《题墨花卷》诗中也有"问之花鸟何为者，独喜萱花

到白头。莫把丹青等闲看，无声诗里颂千秋"的描述，均表明萱草在我国的传统园林中应用广泛。"闲梦忆金堂，满庭萱草长"，说明萱草在唐宋之际就已在庭院中广泛种植，但由于庭院空间有限，萱草还是多以点缀、丛植为主，通过与不同景物搭配来营建不同意境。

"萱草生堂阶，游子行天涯"，唐代以来萱草意象作为母亲的象征空前活跃并得到广泛应用，以"萱堂"代指母亲使得萱草意象上升为一种文化现象，庭院中种植萱草也就成为一种对母亲感情的抒发手段，这在其他植物是非常少见的（图10.1）。

传统庭院中萱草还与竹子、石榴、柳树等植物搭配表达不同意境，在古代绘画作品中多有出现，通常仅寥寥几笔描绘萱草叶片的飘逸之姿，却表现出萱草极高的景观价值。萱草与景石结合配置，一软一硬，一动一静，相得益彰（图10.2）；明代沈周的《椿萱图》中，萱草与高大的椿树搭配种植，再配以奇石，萱草丛生于树下奇石之间，姿态轻盈，婀娜多姿，可作为庭院植物配置的经典。

图10.1 《萱寿图》　　图10.2 明 陆治《萱石图》

二、在现代园林中的应用

萱草的自然适应性强，耐热抗寒，耐旱耐湿，少有病虫害，管理粗放，花色丰富，植株有高有低，适合很多场合美化、绿化应用，既可以作为地被植物种植在不适合草坪养护的边缘地带或斜坡上，也可以沿着围栏、人行道、车道和建筑周边做基础种植，或围绕溪流、湖泊和池塘等种植，还可搭配岩石种植成景（图10.3、图10.4）。

萱草应用于绿地景观之前首先要有一个整体的设计定位，作为整个绿地的组成部分，必须仔细考虑萱草的栽培要求和品种特性。如前文所述，现在有如此多的优质萱草品种可供我们选择应用，无论是设计、建造一个新的绿地景观，还是改造现有的绿地，都应该事先确定萱草的应用方式，方能展现令人满意的绿地景观。

（一）萱草点缀和丛植

在绿化景观中，单株种植需要3年以上的自然分蘖成丛后才能体现萱草的美感（图10.5至图10.7），所以景观应用时，应该直接用萱草丛作为基本单元栽植，用单丛或多丛萱草间隔足

图10.3 沿围栏栽植的萱草

够的空间种植的方法造景，无论作为主景还是配景，都能起到良好的观赏效果，禁忌密集栽植。多丛萱草种植在一起，或几组萱草连续或不连续的种植于花坛、花境中，更能发挥其群体观赏效果，丛植萱草的草冠线彼此紧密而形成一个整体外轮廓。

萱草对环境的适应性较强，丛植可以发挥萱草的整体效果，易体现花卉的整体美。传统园林中萱草多丛植点缀于山石、路旁、墙角、围栏等不同区域或建筑的墙角、角隅等，可软化建筑线条，使种植处绿意盎然，提高绿地的质感及色彩感，这些手法在现代城市绿地中也可以使用（图10.8）；此外，结合萱草的文化表达，景石和萱草组合成景，可以构成一幅"宜男多寿图"，表达传统文化中"宜男多寿"或"孝文化"的内涵，且萱草造型挺拔优美，可以软化景石的线条（图10.9）。还可以将萱草丛植在草坪中或草坪边缘，给人以亲切自然之美感。萱草开花时与背景植物、草坪、地被植物形成强烈的色彩对比，可大大增强景观的感染力。配置于园路边、林缘过渡地带，则更富有大自然的野趣。花期过后，萱草碧绿的叶片仍可长时间作为其他植物的衬景。

图10.4 与岩石搭配种植的萱草

图10.5 *H.* 'Strawberry Candy'　　　　　图10.6 *H.* 'Pojo'

图10.7 *H.* 'Fairy Lake Baby'

图10.8 角隅种植几丛萱草可软化建筑线条

图10.9 萱草与景石

（二）萱草群植和片植

萱草群体之美，更富季相变化，盛花期尤为壮观，因此萱草群植成为园林绿化中运用较多的一种配植手法。大面积的萱草种植既可以采用相同品种的萱草，突出萱草的花色和叶型美（图10.10、图10.11）；也可将不同品种、姿态各异的萱草以自然的方式组合在一起，营造精致的萱草片植景观，更好地体现萱草的群体之美和季相变化。

大片萱草的种植，色彩的搭配是重点，例如将黄色、粉彩、粉红色等品种搭配种植，焦点的品种应是最深的色调或者最浅的色调，其他色调的植物可以从这个点开始渐变，尽管这样的安排需要一定的技巧，但这类萱草的大面积种植无疑可以提供一种更加和谐的景观效果。

到了盛花期，萱草艳丽的花朵和翠绿的叶片形成鲜明的对比，摇曳的花葶带着灵动的花朵随风起舞，颇具韵味。萱草既可以在庭院、公路、公园等作为地被植物片植应用，形成较大面积的花卉景观，也可用于林缘、草坡及河道边坡等区域的片植。由于许多萱草品种冬季地上部分会休眠枯萎，因此片植应用须巧妙设计，尽量避免观赏期出现景观断层，应与常绿品种或常绿植物交错搭配来掩盖冬季裸露的地表，在河岸和草坡大面积片植时应选择常绿品种。

（三）花坛、花境应用

萱草在少花的春夏之交盛开，因此可以作为花坛绿化的重要材料，同一品种的萱草株型一致、开花整齐，可以单独或与其他植

图10.10 萱草花海

图10.11 成片种植的金娃娃萱草

物一起种植于花坛中,最大程度地发挥萱草的整体效果。

花境是将露地宿根、球根及一、二年生花卉栽植在树丛、绿篱、栏杆、绿地边缘、道路两旁及建筑物前,以带状自然式栽种,模拟自然界中林地边缘地带各种野生花卉交错生长的状态,运用艺术手法设计的一种花卉应用形式。萱草凭借其花色丰富、花型多样、花期长、株型挺拔等特点,非常适合与其他一二年生花卉和球宿根花

卉搭配组成花境。萱草花境可以将不同花色、高矮、株型、花型及叶色的萱草属植物进行组合,也可以结合山石、水体等其他园林要素搭配营造(图10.12)。

萱草花境可以采用带状方式布置在林缘、建筑前以及道路两侧或者水系边缘,特别是在建筑墙边做基础种植,能够丰富建筑立面,使墙面具有如同纸张作画的效果。此外,萱草可与其他灌木、花卉和草坪合理配植成各类花境、花丛,

图10.12 萱草花境

133

高型、红色系的萱草可以作为花境中的背景或者主材，矮型、黄色系的萱草则可以大面积种植在花境的中前部，连续或不连续地种植于花坛、花境中做前景，或点缀于草坪中。

（四）道路绿化应用

萱草应用于道路绿化，主要可以用于道路的镶边、分车道的隔离带、林下草坡等。在道路分车带绿地中，萱草的种植一般以带状出现，作为道路绿带的镶边，表现其独特的景观效果，满足行人品味观赏的需要。在分车道隔离带种植时，可选择和常绿植物交错搭配的方式来掩盖冬季的裸露地表。此外，萱草也可以应用于路侧的较大面积地被景观绿化美化，花期景色绚丽，非花期细而密的叶片可以很好地覆盖裸露土壤，吸附尘土，减轻噪声，吸收汽车尾气，形成远看似蓬松绿色地毯的植物景观（图10.13）。

（五）水土保持应用

萱草根茎粗壮，具肉质纤维根，多数膨大呈窄长纺锤形，耐干旱，具有良好的固土保水

图10.13 萱草在道路绿化中的应用

功能，可以在林缘、边坡等广泛种植。有研究表明部分萱草品种有较好的盐碱土改良功能，可以覆盖裸露土壤，减少土壤水分蒸发，加速土壤的脱盐过程。一些萱草品种还具有良好的抗二氧化硫等污染气体的能力，可以作为污染土壤修复植物，吸收土壤中的石油烃、重金属镉等。另外，萱草对氟十分敏感，发生氟污染时，萱草叶子的尖端变成红褐色，可以用来作为指示植物。

（六）萱草与其他植物的搭配

萱草有着丰富的花色、花型，高低落差的株型和较强的适应性，与其他植物搭配种植时应注意相邻植物的色彩和高度，使植物组团高低错落，疏密有致，过渡自然、柔和，突出植物自然组合的植物群体美。萱草花丛之间的空间可以容纳其他鳞茎或多年生植物，这些植物可以在萱草开花之前或之后开花，也可以与萱草同时开花，例如可以通过在萱草丛的中间和后面间种水仙花，当水仙花开过花、叶子开始变黄，新长出的萱草叶子可很快遮盖水仙花。其他多年生植物与萱草搭配同样可以达到良好的景观效果，包括葱属、鼠尾草、雏菊、福禄考、龙须菜、灯盏花、桔梗、玉簪、景天、燕麦草等，以及一些一年生植物，如藿香蓟、四季秋海棠、矮万寿菊或矮牵牛种植在萱草的边缘也可以整个夏末和秋季保持场地活力。

萱草还可与鸢尾、灯芯草、美人蕉等水生、湿生植物组合形成花境，错落种植于庭院的景石间或水体驳岸。萱草开花时可成为花境主景，挺拔的叶丛也能对其他开花植物起到衬托作用，达到花期交错和色彩呼应的效果。萱草也可与观赏草组合，以株型高大的芒、矮蒲苇等作为背景植物，以株型低矮的金叶薹草、血草或其他一、二年生草花为前景，作为过渡带配置于墙根或路缘，可丰富植物季相变化，使其更富于大自然的野趣。萱草花期过后，芒或矮蒲苇灵动的花序可再次吸引人们的视线。这种组合方式可使个体美及植物组合的群体美得到充分的展现；萱草也可和山桃草、澳洲蓝豆、鼠尾草、风车草、梳黄菊等进行巧妙搭配，组成以宿根花卉为主的庭院花境，达到花期交错和色彩呼应的效果。萱草还可作为草坪的镶边植物，或者多丛随意栽植于草坪中，开花时与草坪地被植物产生强烈的色彩对比，形成视觉焦点。

株型高大的萱草品种最好种植在建筑物附近或花境的后部或者混合边界，萱草与其他株型高的多年生植物很相配，如蓝蓟、白色和粉色的福禄考、黄色的蜀葵。各种颜色的萱草在绿地景观中都有自己的位置，可以给户外生活空间增添更多的内容。红色萱草能与绿色、白色、黄色等多数浅色植物形成良好的对比。紫色和蓝色萱草与黄色或粉色花卉搭配使用会形成非常好的视觉冲击力。亮黄色的萱草最适合搭配暗红、砖红或其他深色背景。如果背景是白色或浅色，前边就可以种植深色的萱草品种。

三、在家庭园艺中的应用

（一）萱草盆栽

萱草是我国的母亲花，又有忘忧草之称，为家庭养花带来文化内涵。萱草"花似百合叶如兰"，与百合相比，花朵数量多，花色丰富，发叶量大，叶色翠绿，整体轮廓优美，更具观赏性，有些萱草品种5～10月间可抽薹2～4次，每天早上绽放数朵优美的花朵挺立于碧绿的叶片之上，非常适合盆栽观赏。盆栽观赏可选择叶片纤细、植株低矮的常绿品种，将大丛萱草栽植于花盆中，在春秋冬季节可观叶，夏季观花。虽然萱草的一朵花只有一天的花期，但植株花朵着生密集，每枝花葶均有数十朵，此起彼伏，可以竞相次第开花20～30天，部分品种甚至有一个半月的花期，且花色品种繁多，颜色鲜艳，极具观赏性（图10.14）。

　　萱草盆栽布置于窗台阳台以及室外空间，也可置于采光的客厅一角，显得格外清新别致，可以起到软化空间、丰富室内外空间的效果，能够展示其枝繁叶茂的优美姿态，且让家居环境显得格调高雅、质朴，为生活增添色彩。盆栽萱草还可以与苏铁、常春藤、细茎针茅、福禄考等组成大型盆栽或花坛置于商场、公园、休闲广场或道路两侧等室外空间。

　　萱草盆栽除了萱草的姿态外，花盆的选择也很重要。萱草花盆选择的总体原则应该是根据萱草性状选盆，花盆的高低深浅和萱草植株有着很大的关联，关于材质建议选择透气性强排水便利的花盆，颜色最好选择素雅古朴的色彩，以不

　图10.14 萱草盆栽

图10.15 萱草庭院应用

喧宾夺主为宜。一般而言，植株较高、株型比较挺拔的品种，应该选择中深盆或深盆，特别是细高花盆更为合适，这样显得萱草挺拔潇洒，姿态飘逸；而植株较矮、株型紧凑的品种，可以选择相对中浅型的花盆，显得萱草玲珑青翠，生机勃勃。萱草花盆的材质可以选紫砂盆、陶盆、塑料盆、石盆和木盆等，其中紫砂盆透气性强，外观素雅，和萱草的姿态非常相配。

盆栽萱草的土壤没有什么特别要求，一般以通气排水良好的混合基质为宜。

（二）庭院应用

萱草种植于庭院的空地、拐角墙边、门前、影壁前后、石景下、溪流旁等地方，均可产生很好的景观效果（图10.15）。在庭院设计中，将几丛萱草连续或不连续地种植于花坛、花境中做前景；或者多丛随意栽植于草坪中，开花时与草坪地被植物产生强烈的色彩对比，形成视觉焦点。庭院中的水池、小溪流都为萱草提供了理想的种植环境，其花朵的倒影可以创造出无法比拟的景象。

萱草喜阳，应该把它们种植在庭院中阳光充足的地方，利用庭院内高大坚实的栅栏作为背景，或者种植在高大紧凑的灌木前方。在庭院露台或露台附近种植时，也要仔细检查场地的光源，使萱草可以获得充分的光照，如果能在午后给萱草提供一些荫凉，萱草的色彩会更好。对于夜间开花和有香味的萱草品种，则适合种植在庭院的入口、出口或窗下等区域，给居住者带来更好的风景和体验。

第十一章

萱草插花艺术

Chapter 11 Flower Arrangement of *Hemerocallis*

萱草适应能力强，观赏价值高，在古代不仅是优秀的庭院植物，也常被用作插花的花材。现今社会，尽管萱草在我国的应用不是很普遍，人们对萱草插花艺术的应用也不太熟悉，但随着萱草"母亲花"文化的普及，以及萱草新品种的推广应用，萱草作为插花艺术的潜力会逐渐被大众所认识。

一、萱草花艺的发展历史

萱草花艺的应用可以追溯到隋唐时期，隋唐是中国古代插花艺术发展的兴盛时期。据考古发现，新疆吐鲁番阿斯塔那出土的文物中发现一束唐代人造绢花，以萱草、石竹等花卉组合，制作精细，花色艳丽，反映了萱草在唐朝可能被用作插花素材。南宋宫廷画师李嵩的《花篮图》以及《林洪山家·插花法》中"插牡丹、芍药及蜀

葵、萱草类皆当烧枝以尽开"的描述，证明了萱草在宋代已经是较为常用的插花植物。《花篮图》中的花篮以盛放的蜀葵为主花，萱草、栀子花、石榴花等夏季花卉为辅，色彩艳丽，错落有致，竹篮编制精巧，体现了宋朝的插花时尚（图11.1）。元朝诗人周昂的《萱草·万里黄萱好》中写到"万里黄萱好，风烟接路傍。迹疏虽异域，心密竟中央。染练成初色，移瓶得细香。客愁无路遣，始为看花忘。"说明萱草瓶插已流行之势。

到了明清，萱草用作插花更为多见，而且已经具备了一定的文化和象征意义。明代袁宏道曾作诗："朝看一瓶花，暮看一瓶花，花枝虽浅淡，幸可托盆家；一枝两枝正，三枝四枝斜；宜直不宜曲，斗清不斗奢，仿佛杨枝水，入碗酷奴茶，以此颜萱斋，一倍添妍花"。清代，王时敏

图11.1 宋 李嵩《花篮图》（夏）

的《午瑞图景》画中，以一株锦葵作为主花，菖蒲、艾草和萱草搭配其间，花叶相映，繁而不乱，整体花艺风格幽雅、娴静，且应时令之景，是端午清供的经典之作。

二、萱草花材优势

萱草作为插花材料，有着独特的优势。第一，萱草的花和叶都是很好的插花材料。萱草花似百合叶如兰，传统的萱草花花型和百合花近似，叶子细长飘逸，非常优雅，有些萱草品种具有淡淡的"麝香"香味。第二，萱草品种繁多，花型各异，颜色丰富，花径有大有小，为花艺师创作提供了无限空间。第三，萱草适应性强，抗旱、耐寒、耐热，多年生，花量大、花期长，无需设施栽培，生产成本低，是价格非常低廉的优秀插花材料。第四，萱草在我国栽培历史悠久，文化底蕴深厚，具有忘忧草及母亲花等人文意象，为花艺师提供了重要的文化创意空间。

三、萱草生活插花

生活插花追求的是自由和随意，主要是为了增添生活情趣。萱草品种繁多，花色、花型千变万化，创作者可以充分发挥想象力，不受限制地创作出自己喜爱的插花作品，将大自然的脉动带到房间里，自然界固有的和谐、自由、蓬勃就在我们日常生活的空间里蔓延生长，让我们的生活充满朝气。

单朵萱草花、带有花和花蕾的萱草花枝均可以用来做插花材料。采集萱草花材最好在清晨进行，这时萱草花刚刚开放，没有被风、阳光或昆虫影响，品质好，颜色亮丽。为了保持花、花枝的坚挺，剪下来的花枝应尽快放入装有水的容器中，最好再放入冰箱或凉爽的地方，让其充分吸水，并为接下来其他花蕾开花提供充足的水分。如果用带花和花蕾的枝条做花材，尽可能选择那些带有多个发育良好花蕾的花枝，这样接下来几

天里，那些没开花的花蕾会依次开放，将给花艺作品带来更多持续的美丽。

为了弥补萱草单朵花只有一天花期的弊端，插花师一般是提前做好背景和造型，第二天清晨，把萱草花材插上，接下来用新切的萱草花把萎蔫花材替代下来。这样做每天都有新鲜的萱草花可以欣赏，可以根据自己的喜好更换不同的萱草花和不同的颜色组合，使花艺作品更加新颖和富于变化。和百合或其他花卉插花一样，萱草插花的背景材料很多，花艺师可根据设计要求和个人爱好自由选择。

生活插花虽然讲究自由和随意，但插花艺术与设计创意是无限的，流派上可以是中式的、西式的或自由式插花。中式的生活插花可以单朵花稍微点缀其他材料即成一个作品（图11.2），也可以多朵花搭配其材料完成一个作品（图11.3、图11.4）。西式的生活插花可以是单色花（图11.5、图11.6），也可以是不同花色的组合（图11.7、图11.8）。如果觉得纯花的作品过于单调，可以用其他叶材植物，如美人蕉、彩叶芋、玉簪、菖蒲、芍药等代替萱草叶片。以萱草作为主材的插花作品，还可以与许多其他一年生或多年生花卉花材混合使用，例如福禄考、飞燕草、天人菊、唐菖蒲、花菖蒲、银蒿、滨菊、金鱼草、蓝刺头、金盏菊等（图11.9）。很多常绿切枝花材，如玉兰、小檗、木贼、紫杉、卫矛等，线形优美，也常作为萱草花的搭配材料。

使用萱草切枝作花材有时会出现头重脚轻的情况，为避免这一问题，可以在插花作品上部用带花蕾或带小花的切枝，下部用大花花材。如果用的花大小相近，可以把几朵花集中在一起，成为焦点，效果可能更好。

如今，萱草的花色和色调越来越丰富，非常容易获得协调的色彩。但要注意花的颜色和花径的大小构图协调使整个插花作品保持平衡。

图11.2 单朵花的中式插花

图11.3 两朵花的中式插花

图11.4 三朵花的中式插花

图11.5 黄色花的西式插花

图11.6 红色花的西式插花

图11.7 不同花色组合的西式插花

图11.8 不同花色组合的西式插花

图11.9 搭配其他辅助花材的萱草插花

143

四、萱草专业插花

专业插花相比于生活插花，应用场景有所差别，更讲究遵循一定的创作法则，作品的造型也更加考究（图11.10）。一件插花作品，有其要表达的主题和传递的情感，使人获得精神上的愉悦。

一个好的萱草插花作品，要深入了解计划使用萱草品种的生态习性和文化意蕴，并且做好前期策划，设定要表现的文化设计主题。在造型、骨架、色彩、比例、协调、平衡等方面多加考究，同时在技术上有所突破，设计上有所创新。

除了花材的搭配外，花器也是插花作品构图的一部分。花器不仅具有盛水和支撑花材的作用，还是视觉的基础。花器选择得当，能更好地烘托花材之美，使造型更生动，起到强化主题的作用。萱草花艺创作中，花器的种类很多。陶瓷花器是花艺设计中最常用到的，不管是中式、日式还是西式，陶瓷花器都突出民族风情和各自的文化气质。陶瓷花器按造型分为很多类型，例如杯形、碗形、扇形、方形、筒形、异形等（图11.11至图11.17）。玻璃花器也是萱草花艺创作中较常用的，它的魅力在于透明感和光泽感（图11.18）。除此之外，花篮也是常用花器。花篮一般由藤、竹、柳条等编制而成，因为采用自然的植物素材，所以更能体现出原野风情，比较适合以自然情趣为主题的萱草花艺造型（图11.19）。

插花不是单纯的各种花材的组合，它强调每种花材的色调、姿态和神韵。萱草花切枝是很好的线形材料，花艺师可以充分发挥自己的想象力，设计出不同造型的花艺作品。萱草花型态各异、色系丰富，可以聚集成焦点中心，也可以构成点线面的组合构图。例如三角形的萱草花艺造型（图11.20），外形简洁、安定，给人以均衡、稳定、庄重的感觉，多作典礼、开业、馈赠等用。自由式大型三维的萱草花艺作品，也可以在大型文艺汇演及其他隆重场合应用，实现与环境的整体统一（图11.21、图11.22）。另外萱草花艺作品可以是对称的或不对称的、圆形或是三角形的、L型或是S型等（图11.23、图11.24）。

夜间开花型萱草种植在人员聚集场所的进出口，可以为夜晚文化活动提供美丽的景色，同样萱草也可以用于晚会插花（图11.25）。萱草的夜间开花品种，一般下午或傍晚盛开，直到第二天清晨或上午开始凋谢，该类品种非常适合晚会插花。但由于大多数萱草品种早上开花晚上凋谢，因此可以将白天开花型品种早上采下来放到冰箱冷藏，傍晚拿出来使用。也可以取带花蕾的切枝，放到盛水的容器内，再放入冰箱，到第二天使用时提前几小时拿出来，放在高强度白炽灯照射下让花蕾开花，开花后即可用于插花制作。有些品种的萱草花虽然也是白天开花类型，但花朵可以从早开到晚上很晚才凋谢，这种花材也可直接用于晚会插花。不同萱草品种开花特性不同，选用插花材料时，最好提前做试验，以免出现失误。

图11.10 用于会场布置的萱草花艺作品

图11.11 搭配其他艺术装置的陶器插花

图11.12 杯形陶器插花

图11.13 方形陶器插花

图11.14 扇形陶器插花

图11.15 筒形陶器插花

图11.16 陶碗插花

图11.17 异型陶器插花

图11.18 玻璃容器插花

图11.19 花篮插花

图11.20　三角型插花

图11.21 不同花色萱草构建的大型花艺

图11.22 萱辉松竹（以枯木结合松柏类植物构建的蕴含忠孝、福寿传统文
化内涵的创新型花艺作品）

图11.23 L型插花

图11.24 S型插花

图11.25 晚会插花

第十二章

萱草主题展

Chapter 12 Exhibition of *Hemerocallis*

萱草品种繁多，花色、花型等非常丰富，举办以萱草作为主题的花展，对展示、宣传萱草之美、弘扬萱草文化，以及普及萱草科学知识有很大的推进作用。

花卉主题展主要有室内展示和室外展示两个途径。室外展览规模、空间等可大可小，可以通过建设大型萱草文化主题公园、萱草专类园、萱草花园、萱草花海等来展示。室内展方式更加灵活多变，可以用展板、视频、古代书画、工艺和现代摄影等形式展示萱草知识、文化及艺术创作等。此外，萱草品种展、单花展、花枝展、花艺展等形式的展览，在展示萱草多样性的同时，还给参观者带来自然之美和艺术、文化的享受。

萱草花主题展可以通过以下几种形式进行展示。

一、萱草专类园

植物专类园是集专类植物收集、展示、研究、教育和游赏于一体的多功能场所。萱草专类园是萱草室外展示的重要方式。美国国家树木园的萱草园已有近百年的历史，园内收集了自建园以来不同时代不同育种家经典的萱草种和品种15000多个。一个好的萱草专类园应该系统地规划、设计和建设，在萱草的种类选择、植物配置、人文景观设计等方面精心策划和构思，最终实现科学种植、艺术外貌和文化内涵的统一。

（一）选址及品种选择

萱草专类园可建在综合植物园中，也可在公园绿地开辟专门场地，亦或在各类校园绿地中结合"孝道"文化进行建设。萱草生性健壮，适应性强，在贫瘠土地上也能正常生长，但以富含腐殖质、排水良好的湿润土壤为宜，如果场地地势较低、排水不良，则应选址于地势较高处，或通过垫土抬高等方式改善场地环境，构筑良好的排水环境。

萱草专类园设计可以是规则式，也可以是自然式，或两种结合的混合式。规则式专类园，应选择地形平坦、便于做几何式布置的区域。一般以品种圃的形式出现，内部等距离栽植各种萱草品种，这也是观赏、种苗生产兼品种资源保存为目的的专类园的最佳布置方式（图12.1）。自然式专类园，以不同品种萱草为主要展示植物，结合其他花草树木的配置及地形、山石、雕塑、建筑等造园要素，自然和谐地配置在一起，形成不同景观效果（图12.2）。

（二）景观设计与营建

萱草专类园的空间布局可以通过不同花色、花期和花型的品种进行展示，并可与其他同期开

图12.1 萱草花圃

图12.2 萱草专类园

花的多年生植物和地被植物等共同营造景观。同时考虑萱草的不同造景应用形式、搭配形式，或传统的、或现代的手法体现萱草之美。

萱草的群体花期一般有2个多月，部分品种可能有再次开花现象，但花量相对较少，景观效果不如盛花期好。由于萱草无花期长达近9个月，除了采取栽培手段延长花期，引进早花、晚花及多次开花品种以外，需要配置其他植物，特别是与早春开花植物以及秋季色彩丰富的植物搭配，为萱草专类园增加周年的观赏效果。

（三）文化景观

萱草作为集"忘忧草""宜男草"及"母亲花"于一体的文化缩影，不仅反映了社会历史文化的积淀，也体现了华夏民族真挚含蓄的吉祥含义及母慈子孝的情感。在当前我国传统文化亟待发扬的时代背景下，建造具有一定意境和传统文化内涵的萱草花园景观，将萱草文化融入萱草植物造景，让年轻一代了解萱草及其传统文化、历史，具有重要的意义。

古代官窑瓷器、绘画、艺术品中经常有萱草纹饰及萱草文化体现，因此萱草专类园的景观营造可以借鉴传统绘画、瓷器等中的画面，将萱草与不同植物、小品、山石等结合配置，表现不同的园林和文化含义，比如将萱草、松、柏、竹、景石（寿石）配置在一起，具有祝母亲长寿之意，萱草与蜀葵结合，表达"孝忠"之意，与石榴结合，则可以表达"多子多福"之意。传统诗词歌赋中对于萱草意象的表达以及萱草本身的品格象征，均可作为园林设计的素材。利用萱草与其他造景元素的搭配，展现出诗句中的文化意境，或利用匾额、景石、景墙、题刻等形式将传统的萱草人文精神做点景处理，或用诗词对专类园的景点命名，或在一些建筑周边摆上萱草盆栽，再配以与萱草相关的字画、古乐等都可以营造出浓郁的萱草文化景观（图12.3）。

图12.3 萱草文化展

二、萱草花海

花海面积大，景观视觉冲击力强，已成为带动农业旅游的一个重要内容。萱草种苗生产基地本身盛花期可以形成很好的萱草花海景观（图12.4、图12.5），充分利用萱草花季花海景观，吸引游客前来参观，可起到很好的宣传效果。开展萱草花海旅游，实现经济、社会、生态效益最大化。

三、萱草室内展

除了建设萱草专类园之外，还可以开展室内萱草主题展。室内环境下的萱草比室外强光暴晒或风吹雨淋下的萱草状态更好，更便于近距离观察和比较。

萱草室内展，可以通过萱草盆栽展示其品种多样；可以通过瓶插萱草单花或花枝展示其优美姿态；还可以结合文字、图片、影像等，展示萱草的科学研究进展、生态习性、育种、栽培等方面的科普知识。

（一）萱草单花、花枝展

通过简单的桌面摆放，或不同类型容器插放单花、花枝，展示萱草花的类型、颜色、花型，便于近距离对不同品种的萱草花进行对比（图12.6、图12.7）。如按照花的直径大小（特大花、大花、小花、微型花等）、不同花色（红、

图12.4 萱草花海

图12.5 萱草花海

黄、粉、紫、白等）、花型（单瓣型、多瓣型、重瓣型、蜘蛛型、异型）、不同花形（圆形、喇叭形、扁形、星形）等分别分类展示，让参观者领略萱草的魅力所在。

另外，该种展览方式简单、方便，可以在公园、社区、企事业单位等地室内进行展览，可以避开炎热或下雨的天气，不用远郊乘车前去参观，可吸引更多的人群，达到较好的普及效果。

（二）萱草文化展

萱草在我国有着悠久的历史，随着历史变迁，人们赋予了萱草很多文化寓意，成为历代文

图12.6 单花桌摆展示，简单易行

图12.7 萱草单花、花枝展

163

人墨客咏颂的主题。充分挖掘、收集和利用这些文化资源，如古代诗、画、书法、匾额、碑刻、瓷器等艺术品、工艺品，承办各种类型的萱草文化展览，对弘扬祖国的传统文化具有重要意义（图12.8）。有条件的地方可以结合萱草文化公园规划建设萱草文化博物馆，成为长期收集、保存、展示、研究萱草文化和历史的固定场所，建立萱草文化和科普教育基地，丰富居民的文化生活，提升城市文化品位。

（三）其他形式活动或展览

在举办室内萱草花展、文化展的同时，围绕萱草主题，组织举办不同规模、不同层次、不同角度的展览和活动，如萱草摄影展、萱草插花艺术展、萱草书画展、萱草盆花展、萱草衍生产品展等活动（图12.9至图12.11），充分展示萱草的美学价值、文化价值和经济价值。

萱草盆栽是家庭栽培萱草的重要方式。养花人可以近距离的欣赏不同萱草花的细节美，并参与到培育萱草新品种的乐趣之中。整丛萱草花加以高雅的花盆搭配，可以把萱草花整体美体现出来，激发参观者家庭阳台种萱草、收集萱草热情，带动萱草科学普及和文化认知，并有益于养花人身心健康和综合素质的提高。

随着萱草产业的发展，萱草的衍生产品将被不断开发出来，包括食品、医药、日化及文化旅

图12.8 不同类型的萱草文化展

图12.9 萱草摄影展　　　　　　　　　　　　　　　　　　　　图12.10 萱草盆花展

图12.11 萱草衍生产品

游创意产品等。在展览萱草品种、应用、文化的同时，把开发出的萱草衍生产品加以展示，使参观者提高对萱草价值的认识，对促进萱草产业的形成与发展具有实际意义。

四、萱草文化节

花文化、园林文化是我国传统文化的重要组成部分。举办萱草文化节是振兴我国传统花文化的重要举措之一。在举行以上内容展示的基础上，再增加其他类型的文化娱乐活动，如演唱会、萱草文化与学术研讨会、新品种冠名发布会等活动，提高萱草的社会影响力和媒体关注度，对推动萱草产业的发展具有积极意义。

REFERENCES

参考文献

陈俊愉，2000.中国花卉品种分类学[M]. 北京：中国林业出版社.

杜娥，张志国，马力，2005.大花萱草品种分类标准初探[J]. 西北农林科技大学学报（自然科学版），33（10）：85-88.

李金霞，储博彦，尹新彦，等，2017.萱草属植物育种研究进展[J]. 北方园艺，10：192-197.

龙雅宜，龚维忠，1981. 多倍体萱草新品种的选育[J]. 园艺学报，8（1）：51-58.

任毅，高亦珂，朱琳，张启翔，2016. 萱草属种质资源多样性研究进展[J]. 北方园艺(16)：188-193.

汪发赞，唐进，1980.中国植物志[M]. 北京：科学出版杜.

王雪芹，高亦珂，2014. 萱草[M]. 北京：中国林业出版社.

王雪芹，郭翎，2016. 萱草新品种的推广和育种[J]. 北京园林(1)：31-41.

王钊，储丽红，于翠，等，2012. 中国萱草文化探究[M]// 张启翔.中国观赏园艺研究进展.北京：中国林业出版社：564-567.

熊治廷，陈心启，洪德元，1997. 中国萱草属数量分类研究[J]. 植物分类学报，35(4)：311-316.

中国科学院昆明植物研究所，1997. 云南植物志[M]. 北京：科学出版杜.

张世杰，张志国，2018. 萱草属植物的起源、分布、分类及应用[J]. 园林(5)：5-9.

朱华芳，2008. 萱草品种分类、筛选及部分品种遗传背景分析[D]. 上海：上海交通大学.

Aaron Goldberg, 1989.Classification, evolution, and phylogeny of the families of Monocotyledons[M]. Washington, D.C.: Smithsonian Institution Press: 1-78.

Angiosperm Phylogeny Group,2009. An update of The Angiosperm Phylogeny group classification for the orders and families of flowering plants: APG III[J]. Botanical Journal of the Linnean Society. Botanical Journal of the Linnean Society,161: 105-121.

Bremer K, Chase M, Stevens P, et al,1998. An ordinal classification for the families of flowering plants[J]. Annals of the Missouri Botanical Garden,85: 531-553.

Byng James, Chase Mark, Christenhusz Maarten, et al,2016. An update of the Angiosperm Phylogeny Group classification for the orders and families of flowering plants: APG IV[J]. Botanical Journal of the Linnean Society. 181: 1-20.

Charmaine Rich, 2009.Shapes of Distinction: Scratching the surface: Understanding the art of the sculptured daylily[J]. The Daylily Journal, Spring: 46-50.

Charmaine Rich, 2011.Shapes of Distinction: Sculpted, the newest recognized form of daylily[J]. The Daylily Journal, Winter: 30-34.

Chen Xinqi, Junko Noguchi, 2000. Flora of China[M]. Beijing: Science Press, and St. Louis: Missouri Botanical Garden Press(24): 161-165.

Cui H, Zhang Y, Shi X, et al,2019. The numerical classification and grading standards of daylily (Hemerocallis) flower color[J]. PLOS ONE, 14(6): e0216460.

Dahlgren R M T, Clifford H T, Yeo P F, 1985.The families of the monocotyledons: structure, evolution, and taxonomy. Springer-Verlag, New York.

Devey, Dion & Leitch, Ilia & Rudall, et al, 2006. Systematics of Xanthorrhoeaceae sensu lato, with emphasis on Bulbine[J]. Aliso,22: 345-351.

Frances L Gatlin, James R Brennan,2002.The new daylily handbook for 2002[M].American Hemerocallis Society, Inc.

Hu S Y,1968. An early history of the daylily[J]. Am. Hort. Mag., 47: 51-85.

Hwang Y, Kim M, 2012. A taxonomic study of Hemerocallis (Liliaceae) in Korea[J]. Korean Journal of Plant Taxonomy, 42(4): 294-306.

Joann Stewart,2016. Is it a spider or an unusual form? [J]. The Daylily Jounal, Spring: 14-16.

Jürg Plodeck, 2018.The classification of the Hemerocallis species[J]. The British Hosta and Hemerocallis Society Journal, Autumn: 34-53.

Kenneth J, Wurdack & Laurence J. Dorr, 2009. The South American genera of Hemerocallidaceae (Eccremis and Pasithea): two introductions to the New World[J]. TAXON,58(4): 1122–1132.

Oliver Bilingslae, 2012. Landscaping with Daylilies[M]. American Hemerocallis Society, Inc.

Oliver Billingslae, 2017.The Illustrated Guide to Daylilies[M]. American Hemerocallis Society, Inc.

Oliver Bilingslae,2017.The Open Form Daylily: Spider, Unusural Forms and other "Exotics" [M]. American Hemerocallis Society, Inc.

Ronell R Klopper, Gideon F Smith & Abraham E van Wyk, 2013.Proposal to conserve the family name Asphodelaceae (Spermatophyta: Magnoliidae: Asparagales)[J]. TAXON, 62(2): 402–403.

Sho Murakami, Koji Takayama, Shizuka Fuse, et al, 2020.Tamura, Recircumscription of Sections of Hemerocallis (Asphodelaceae) from Japan and Adjacent Regions Based on MIG-seq Data[J].Acta Phytotaxonomica et Geobotanica, 71(1): 1-11.

Surinder K Gulia, Bharat P Singh, Johnny Carter, 2009. Daylily: Botany, Propagation, Breeding[J]. Horticultural Reviews(35): 193-220.